画园

陈立 著

中国建筑工业出版社

图书在版编目（CIP）数据

画园 / 陈立著. —北京：中国建筑工业出版社，
2020.12
ISBN 978-7-112-25494-1

Ⅰ. ①画… Ⅱ. ①陈… Ⅲ. ①建筑画—钢笔画—作品
集—中国—现代 Ⅳ. ①TU204.132

中国版本图书馆CIP数据核字（2020）第184882号

本书从东方意境视角分析中国古典园林之意趣。书中结合东方哲学、东方美学和中国古典文学，将中国古典园林意境来源与空间布局，以诗情画意的方式加以陈述。自古以来，中国园林意境来源于中国古典哲学和中国文学，再融合造园者的灵性，形成诗情画意的特有空间内涵。所以，园林设计不仅仅是一门技能，更是一门开启灵性和悟性的博大精深的科学。作者希望通过此书中的钢笔画及相关诗词等文学背景的介绍，使广大园林艺术爱好者能更好地欣赏中国古典园林。

本书可供景观设计师、景观设计类学生及广大园林艺术爱好者参考。

责任编辑：许顺法
责任校对：王　烨

画园
陈立　著
*
中国建筑工业出版社出版、发行（北京海淀三里河路9号）
各地新华书店、建筑书店经销
北京蓝色目标企划有限公司制版
北京京华铭诚工贸有限公司印刷
*
开本：787毫米×1092毫米　横1/16　印张：16　字数：311千字
2021年4月第一版　2021年4月第一次印刷
定价：**88.00**元
ISBN 978-7-112-25494-1
（36476）

一个人在顺境中可以完成自我，在逆境中更需要抱着赏玩的心态，身心安顿，在自适之中去完成自我，搭乘着一叶自由扁舟去获得此生的真我。

序

逛辋川

中国园林艺术博大精深，意趣无穷。游荡在中国艺术之中，性灵得到解放、松绑。我从事设计工作十几年，有一些心得，来源于文学、美学、艺术、园林等。园林是一个解放、培养心性的地方，在优游赏玩之中完成自我，生命得到安顿，精神得到超越，神智共明。故《画园》一书实际就是在感悟中体验着中国文学、美学、艺术，在融会贯通中去谋求一个自我向内发展的道路。画一画，记一记，写一写，悟一悟。

在画中体味雨落芭蕉之韵，静沐冰雪的冷香，感悟“菡萏香销翠叶残，西风愁起绿波间”。如同神游一般，在长廊中偶遇，转身“月到风来”，“对影成三人”，在喧嚣的世界里，处于空寂的园林中感受着美好瞬间与性灵的飘荡。笔与纸在黑白世界中穿越千年，感悟着“去做人间雨”的洒脱。在这个充满了灵性的艺术世界里，精神出走、流浪。此书便是我精神流浪出走“逛园子”的感悟与随笔游画。

“前不见古人，后不见来者。”天地苍茫。孤独从古代而来，去往未来，在那个未来园林中偶遇清风、明月、我。美国人比尔•波特[①] 不远万里从美国来中国探访古代诗人故居和陵墓。在他的书里描述了他去过很多诗人故居和陵墓，每到一处便吟诗，举杯邀天地，他与诗人共饮一樽。“明月几时有，把酒问青天”。他就这样站在了历史的长河中，站在了精神世界里与古人同月、与时空对话。我们费尽全力不远千里去寻找那

① 比尔•波特，美国当代作家、翻译家和著名汉学家。他经常在中国大陆旅行，并撰写了大量介绍中国风土文物的书籍和游记，翻译过《楞伽经》《菩提达摩禅法》《寒山诗集》《石屋山居诗集》，以及王维、韦应物的诗作，还曾在欧美各国掀起了一股学习中国传统文化的热潮。

个“世界”，可惜往往把身边的世界遗忘在了某个角落，遗忘得久了，自然也就不知去向了。如要找寻去向，去寻来向。我要把这一切都找寻回来，安放在自己东方哲学的世界里。在这个艺术世界里去流浪，去长啸，去放逐。

中国文化源远流长，中国园林饱含东方文学、美学、哲学精髓。这样的精髓深植在每个炎黄子孙的骨髓血脉之中，就像冬日的梅花一般，遇到那下雪的日子便会开放。此序我写王维的辋川别业。王维的水墨画清淡宁静，是中国古代山水文人画主流。集音乐家、画家、诗人为一体的王维，将音乐的韵律美与绘画的构图、线条、色彩之美融入了诗歌当中，从而形成了一种完美而独特的诗风，用苏轼的话来说，就是“诗中有画，画中有诗”。王维将诗情画意与园林融合在一起，诗意浪漫、画意无穷。比尔·波特在《寻人不遇》中说，他特意去了辋川河，在王维亲手栽种的银杏树边祭酒一杯。“空山不见人，但闻人语响。返景入深林，复照青苔上。”此景令人向往。这句诗是王维写的辋川别业中的鹿柴。我虽然不能像比尔一样去辋川祭酒，写一写画一画也当是对古人的追忆，看画读诗神游辋川。每次我上《中外园林史》课程，让学生画一画辋川别业长卷，诗画结合，可惜一切已成追忆。

诗人一开始在辋川口“结庐古城下”，于断垣残壁中寻一小径，在荒凉之中静寂怀古。诗人用枯寂的辋川口与繁华城市来了一个对比转折。多么繁华的唐朝，在花萼相辉那样的世界里，“古木余衰柳”，一个具有禅意的去处，心灵的自由之地开启了。难怪王维是诗佛，入口老、拙、枯寒、空寂，美学意境归于平淡中见真。其后苍茫大地通往蔽日松林“日落松风起”，伴着松风与斑驳的夕阳，在余晖中到了华子岗，一路明媚，一路幽深，心情如飞鸟一般自由。

辋川河

辋川集·文杏馆

（唐）王维

文杏裁为梁，香茅结为宇。

不知栋里云，去作人间雨。

文杏馆

开阔的山腰处，此处以文杏木为梁，香茅草为顶，为文杏馆。起初我以为这是一段文杏木作梁，再仔细读读王维之诗，方才明白是一棵文杏活树在屋宇之中，此意境取香草美人自喻的典故，寓高洁之风。王维作诗“文杏裁为梁，香茅结为宇。不知栋里云，去作人间雨。”蒋勋曾经在《说唐诗》里说画在栋梁上的云已经飞走，变成洒落人间的雨。而我觉得这就是一个自由生长的文杏木，杏花盛开之时，茅草屋内馥郁清香，透过枝叶可见云雨。王维在此弹奏琵琶、作画、吟诗，与当时之名流文人及高僧聚会。云雾之中山林之雨飘落，很有仙气，自由洒脱。王维的爷爷王胄对音乐很有研究，曾经担任朝廷的乐官。王胄高徒李先生教小王维弹奏。王维年少时，父亲王处廉在职中病逝，家道中落，王维开始过着清贫的生活。后来到了长安城，由于吹弹、诗文、书画很有才名，得岐王及九公主爱惜，从此成为其座上之宾。由进士出身位居庙堂食俸禄。后建辋川，于文杏馆中与各方文人及僧人交游。其中有晁衡[①]，原名仲满，即东渡和尚阿倍仲麻吕，以及大历才子钱起与其他东林高僧等。可想而知文杏馆坐落于辋川山野之中，符合当时自魏晋南北朝以来的隐士之所好，开创了文人园林的清雅、自然的风格。在开元盛世的唐朝如同一股清流一般，自然去雕饰。我画文杏馆一图细思“不知栋里云，去作人间雨”。吾虽居于陋室，种植蕨数盆，清逸幽静，虽不及文杏木可见栋里云，却清幽，备感清新。

---

① 晁衡：即阿倍仲麻吕（698-770 年），朝臣姓，安倍氏，汉名朝衡（又作晁衡），字巨卿。日本奈良时代的遣唐留学生之一，开元年间参加科举考试，高中进士。唐左散骑常侍安南都护，中日文化交流杰出的使者。753 年（天宝十二年）冬，乘船回国，在琉球国附近遇风暴，与其他船只失去联系。当时误传晁衡遇难，其实他漂流到安南驩州（治所在今越南荣市）一带，遇海盗，同船死者 170 余人，独晁衡与藤原于 755 年（天宝十四年）辗转回到长安。当时误传晁衡已溺死，李白曾写诗悼念他。

告别文杏馆，辗转走进一片竹林，白石溪水浅浅而流，诗曰“明流纡且直，绿筱密复深”。此处为斤竹岭，风过竹林，溪水岑岑幽深曲折。南北朝竹林七贤，常在竹林之中诗文会友，《广陵散》、嵇康、竹林，中国自魏晋南北朝以来形成清淡隐逸之风，而中国园林的发展也在那个时期转折。竹子被很多文人雅爱，司马光曾经说：“吾爱王子猷，借斋也种竹。一日不可无，潇洒常在目。”王子猷其人很有意思，“看竹不问主人”。王子猷有一天出行，经过吴中，看到有一户士大夫人家的庭院中种有上好的竹子，真有“他乡遇故知”之感，便也不打招呼，径自闯了进去，旁若无人地欣赏起来。主人素知王子猷的大名，很想和他结交，于是洒扫庭堂预备款待。不曾想子猷赏竹完毕，竟招呼也不打就要扬长而去。主人也不含糊，当即命家人关好院门，实行全家戒严，执意留客。本就落拓不羁的王子猷对主人的这一招很是欣赏，于是乃留坐，尽欢而去。可见当时对于自然物如修竹的纯粹的审美，其重要性远在世俗的人际关系之上。王子猷爱竹，绝不是附庸风雅，而是爱到近乎痴迷的程度了。一个真正进入纯粹的审美状态的人，可以把世俗的一切统统抛在脑后。王维说：“到门不敢题凡鸟，看竹何须问主人。”审美达到一种痴迷的状态，纯粹沉浸在其中，这也是一种自悦。我曾经给一个售楼部后院设计一片竹林，大青竹下铺满白色细石子，初建成白绿清雅清逸飘然，后来由于管养不善，竹子全死了，叶子也落完了。枯死后的竹子竿是金黄色，冬日一片苍茫白砂也成了灰色砂，万竿立于砂中一片死寂。那日开发商老总咎责，让我去看。我们站立于一片枯败竹林之中。萧萧瑟瑟风吹竿，金色万箭如排箫，飞鸟齐鸣死寂生，清净世界枯寒明。最后他深深地叹了一口气说：“枯败的竹子也挺好看的。”我心默然窃喜。此刻我忽而领悟了枯败一片死寂到底就是重生和永恒，嘻嘻。而人生很多时候真的需要某景来点化自己。画辋川之竹林则表达了一种幽深与含蓄。

斤竹岭

过了竹林来到木兰柴，白居易诗："紫房日照胭脂拆，素艳风吹腻粉开。"木兰代表了勇敢无畏、优雅大方的高贵品质。木兰柴半坡圈养马鹿，诗又曰："苍苍落日时，鸟声乱溪水。"王维的诗中有一种白描的静态美，有时候风景就在那一刻一瞬间，鸟声溪水声在落日的余晖之中有如天籁。我画木兰柴，林中鹿隐匿其中，别有意思。随后顺山势往下行，来到了水岸边的半坡，盛开着满山坡的茱萸花，"山中傥留客，置此芙蓉杯"。看来此处就连王维也舍不得离开。在丛生茱萸花中行进，不由得想起电影《角斗士》中麦柯希穆最后在麦丛中慢步，走向家的方向，手随风轻抚麦秆，风起人没。与诗经"我行其野，芃芃其麦"达到共鸣。一分萧瑟，几分明媚，一种精神的向往和希望。

木兰柴

辋川集·木兰柴

（唐）王维

秋山敛余照，飞鸟逐前侣。
彩翠时分明，夕岚无处所。

辋川集·木兰柴

（唐）裴迪

苍苍落日时，鸟声乱溪水。
缘溪路转深，幽兴何时已。

继续前行来到了水岸边，白石参差槐树比邻，“秋来山雨多，落叶无人扫。”无人扫的落叶，人过带风，立于一片落叶中。秋天山雨飘落，这是一种沧桑之后的静穆，让人的心灵更加清澈，似有起舞弄清影与林同生之意。苏轼曾经写《槐》：“忆我初来时，草木向衰歇。高槐虽经秋，晚蝉犹抱叶。淹留未云几，离离见疏荚。栖鸦寒不去，哀叫饱啄雪。破巢带空枝，疏影挂残月。岂无两翅羽，伴我此愁绝。”空枝、破巢、疏影、残月的孤寂画面感，苏轼通过描写槐树苍劲虬枝和枯寒之意表达了自由灵魂的孤寂。槐树是一种引起追忆的植物，古槐更显老拙，园林之中种植一株古槐，可追思可默想，在满满的周遭世界里，一份空寂留白，有何不好呢。大凡专注于自我世界之人独行，也许世人觉得孤寂，往往沉浸在独赏之中也不失为一种快意。苏轼即写得出愁绝，可想而知超越孤寂品味孤寂又有何不可？所以不孤，神思化为苍穹。诗经：“瞻彼日月！悠悠我思！道之云远！曷云能来！”描写的就是村头古槐下的悠思。中国文学几千年前诗经就铺垫了这么多的文学情感，诗经古老美好，把这些古老的美好放于心中，置于园林之中，找寻来时之路。

借景悠思，悠思完了往前行到达了王维诗中有名的《鹿柴》。空山森森，林木幽幽，北岸的水边，辋川河也变得宽广。“轻舟南宅去，北宅渺难即。”北宅的风光与南岸隔湖相望。整个辋川别业北岸的空间序列到此变得舒朗开放。王维所写画论：“凡画山水，意在笔先。丈山尺树，寸马分人。远人无目，远树无枝，远山无石。”王维将诗、画、乐、禅融为一体，创造了诗歌史上最具有灵性的诗歌，直指人心。园林融情于景，融合了诗画的原理，将文学的境界、空间的转折和交替、植物明暗参差变化、时空的斗转星移在“天人合一”之中达到了和谐统一。深景的松林、禅意的竹林、明媚的茱萸花，以及怀古悠思的枯槐、灵动的动物等自然、造景、诗画形成了中国特有的山水画山水诗山水园林，同时景与境、情与思就在这样的自然中悄无声息地发芽了。中国园林不仅仅体现了造园的技艺，更是情景的交融，那些意境的由来便是血肉精髓，比之今日某些视觉景观更有内涵和深意。

中国园林的意境先发于情，顺应山水自然地势，加以提炼及梳理，结合诗、画意

辋川集·茱萸沜

（唐）王维

结实红且绿，复如花更开。
山中傥留客，置此芙蓉杯。

茱萸花

趣又进一步将意境结合空间序列一一展开。古代的王维、白居易、文徵明等都是集文学、诗画、设计为一身的诗人画家和设计师，故中国园林设计关键在于“悟”。而开启灵性的方法有很多，需钻研文学、美学、哲学以及对自然的观察和领悟。意于笔先，下笔有神。园林的文学及美学内涵是形成意境的重要部分。笔者逛园子流连其中，兴之所至畅想一番。感知，感悟，感受天地之苍茫，艺术之乐趣，神游园林愉悦精神，今生之乐趣就在其中。

陈立　写于 2020 年 4 月 29 日

辋川集·宫槐陌

（唐）王维

仄径荫宫槐，幽阴多绿苔。
应门但迎扫，畏有山僧来。

拾遗·宫槐陌

夕阳昏照槐树叶，
枯斜老枝低水岸。
花落浅草自漂流，
拾花旧人天际望。
沉沉烟云苍苍树，
风残树梢旧丝带。

立写于2016年7月
致天边母亲

宫槐陌

目录

第一章　听　香

——香意的世界

一、远香飘来

二、幽香古逸

三、暗香浮动

四、冷香飞去

五、天香袭来

“山气花香无着处，今朝来向画中听。”

朱良志先生说：“中国园林是一个香风四溢的地方，需要你静静地去谛听它的灵音。中国画中追求香，是对超越于形式之外的灵韵的追求。”

中国园林中有远香、幽香、暗香、冷香、天香，是一个妙趣横生的世界。人们看景入画，化为一个自由的精灵去这个香的世界感悟生命之灵。

远香

“人闲桂花落，夜静春山中。”

桂花飘落的声音，使人心寂静清灵。一切无声有声，无色有色，无味有味。中国园林艺术超然物外，一缕远香让人在园林中神思飘然，淡淡的香与古诗古词同岁月。

一、远香飘来

朱良志曾在《曲院风荷》一文中说:“中国园林真山真水之中，有无形的世界源于自然高于自然。香韵成为无形世界的主角。”春日堂前梨花清香，夏日池边荷花远香，秋日檐下桂花幽香，冬日踏雪寻梅暗香。墙角绿藤，屋瓦野花，阶前茉莉，廊后青竹。清香、馨香、墨香、薰香、天香、细香、暗香、冷香、沉香……香在这个有形的空间中，带着一份自由的精神，随着时空而发出淡淡的画意。诗经：“桃之夭夭，灼灼其华。”越古老越美好，逛园子识香，一颗流浪的心，随着这样的香寻千年之画意。

（一）拙政园远香堂

那年带小叶子逛拙政园，恰逢冬日大雪。落脚于远香堂，问远香从何而来？拙政园建于明朝，为王献臣府邸。明四家之一文徵明参与设计。史籍上记载王献臣曾委托画家文徵明做最早的设计，《拙政园咏》传世，比较完整地勾画出园林的面貌和风格。文徵明是明四家[①] 之首，“四绝”全才，能青绿，能水墨，能工笔，亦能写意。山水、人物、花卉、兰竹等。文徵明之绘画意境清远，苏州博物馆曾经展览吴门画派文徵明《雨中访友》，奇石突起，林木葱茏，有高士安座静观，湖石草树之中，一人撑伞而至，其意境清远，故画家设计一园林一定有其之妙。远香堂就在他的诗情画意中飘然而出。

大雪，雪后一片朦胧，朦胧之中带着空寂与冷寒，却将园林的轮廓如同写意画一般呈现在面前。远香堂前临水对岸雪香云蔚亭梅花暗香自北而来，此为冬景；秋日南面溪水古松，高低叠石泉水清幽，清雅之香归忘松林之间；春日东面枇杷小院绣绮亭牡丹簇拥，花繁叶茂魏紫姚黄，浓郁之香；夏日荷风清逸远香。远香堂四周落地长窗，四周为窗的做法称为落地明罩，故一畅堂容纳四方之景，纳四方春夏秋冬之香，故为远香。

北面长窗槛下，临水石砌月台，北望清波之上小岛一座，山石堆砌，梅花数株，雪香云蔚亭隐逸其中。西望荷风四面亭凌水而立，夏日满池荷花，清香四溢，有宋代学者周敦颐《爱莲说》中“香远益清”的意境。“远香堂外清如画，四面凉风万柄荷。”北面景致开阔，洲岛高低成趣，冬日枯荷败落，梅屿暗香悠然，冬夏观荷境遇不一各有韵味。圆明园方壶胜境荷花环绕的遗址，覆盖了青苔与荷叶的遗址，似乎倾倒的雕花柱子终于可以休息了一般，荷叶在残破的遗址中独显嫩绿。冬日杭州西湖十景之曲

① 画史称“吴门四家”文徵明、沈周、唐寅、仇英为“明四家”。文徵明一生穷究画理，声誉卓著，与乃师沈周并驾齐驱，继沈周之后成为吴门派领袖，长达50年之久。

院风荷，一片金色的枯荷伴着倒影，金色与灰色的涟漪，枯荷杆上立一小鸟正如“风掠枯荷飒有声”。而这远香堂前的荷花，夏季风动荷曳，可谓“东风拂波碧浪涌，荷花深处野鸭没”，更有一番动感。远香堂之南数步不远，一泓清池，清雅花砖铺地，池边栽广玉兰数株，枝叶扶疏。池上架石桥，通向彼岸的黄石假山和曲廊。那年拙政园大雪，老榆古木白雪皑皑，我在溪石水景畔伫立良久，一只小鸟在松枝间飞越，园中人迹罕至，万籁冷寂古木参天，清雅雪松营造冷香之境，也许远香之意味不仅仅为荷，更有那冷寂中的初雪，可谓冷寂空灵。

雪后青松鸟鸣轻，溪石古木桥下云。

叶子不知何处影，远香堂后画枯枝。

远香堂西侧月台直通倚玉轩，此轩与远香堂一竖一横，一主一副，一退一进。建筑围合空间提供宴饮之需。建筑空间互错对望，相映成趣，夏日荷风四面，园中之露天厅堂之境。倚玉轩临水设美人靠，轩后接长廊，竹林茂密。行走在建筑外廊，隐约可见屋内的花窗之后人影。中国建筑如此表达含蓄，花窗的细节与建筑体量大小搭配，与远香堂大落地明罩方形花窗又有别。远香堂敞亮明堂一侧，却有如此婉约的去处，凭栏倚靠，凌波扶风，更有一番轻松浪漫之情。站在倚玉轩的外廊外，似乎感知远香堂内高士聚集畅饮，而此处乃二人对月吟诗之所。古人浪漫临水凭栏，春日新芽绿柳飘曳，如沐春风；夏日凭栏观荷，沁人心脾；秋日凭栏观落叶，无可奈何花落去；冬日凭栏观雪，空寂冷香渺渺，高逸明志。园林之中凭栏之处乃纳四时风景融万千思绪之处，何不凭栏？堂东侧玲珑湖石假山，山势奇峭，盘曲有致，山巅立有绣绮亭，造型古朴别致，与远香堂一高一低互对互借，使远香堂成为这一风景空间中名副其实的中心。湖石中种植牡丹，阳春三月，姚黄魏紫，娇艳欲滴。亭周簇拥红花绿叶，烂漫如锦，由杜甫诗“绣绮相辗转，琳琅愈青荧”得名。立于绣绮亭中远眺远香堂，山石花木，相映成趣，落英缤纷。有诗曰：“人远忽闻清籁起，心闲频得异书看。”远香堂西临水，东登高，花团锦簇。

远香堂居于中心水景区，纳四周野趣及古朴、绿意之景，蕴四时暖香、清香、暗香、冷香，可谓园林形神俱备之佳作。一系列的空间转折与变化，院落、园亭、主副相倚的堂与轩，结合地形、水景、植物形成了中部水景区的长卷。中国古代文人将诗书琴画融入境界，园林成为诗画的再现。因地制宜结合天时地利，融合自然，空间实现了简远、疏朗、雅致、天然的特点。

逛一逛远香堂，思一思远香之韵味，画一画疏木草石、空寂亭堂、一方天地、一池清泉、一棵苍松，这份远香自古而来，又带着时代的香气去往未来。

远香堂北景

荷风四面

东风拂波碧浪涌，
荷花深处野鸭没。
翩翩白裙点点红，
落笔画个荷花舞。

——立写于2015年夏，遥想当年文徵明在远香堂聚雅合坐，煎茗煮酒，作画写景，潇洒清逸。

远香堂南景

白石松下桥前古木

雪后青松鸟鸣轻，
溪石古木桥下云。
叶子不知何处影，
远香堂后画枯枝。

——立写于2016年冬，冬天的景致更有一份空寂与冷清，在这个喧闹的世界留一处冷静和思考的空间。

远香堂东景

海棠春坞石山

海棠春坞不见花，
石桥越水枫木枯，
疏影老藤窗里风，
只见旧石不见翁。

——立写于 2018 年秋

西部空间布局以与谁同坐轩为中心，通过周边复廊连接，形成北、东、西、南的主要节点对景构图，植物自然融入穿插到园林建筑的虚实构图之中，形成相映成趣步移景异的空间变化。

中部空间布局南部以远香堂观水景观区、小飞虹溪流连廊区及玉澜堂私密空间3个区域构成疏密有致、高低起伏的流动空间，北部以水及堆岛植物的舒朗空间为主，与南部水景建筑布局区形成密与疏、小于大的对比，将园林的山水容纳于长卷之中。顾中部水景区体现了中国园林山水画、山水诗、山水园林的精华，如同长卷一般各个串联的院落又别有意趣。

北岸洲屿组院

雪香云蔚，梅花之香隔水飘散，登高远望可见苏州北寺塔，“蝉噪林愈静，鸟鸣山更幽。”寂静有声，体现了虚空没和寂静美。

海棠春坞组院

溪流之尽头疏石两三块，松柏几株，建筑体量虽小，却有壶中天地之意趣。

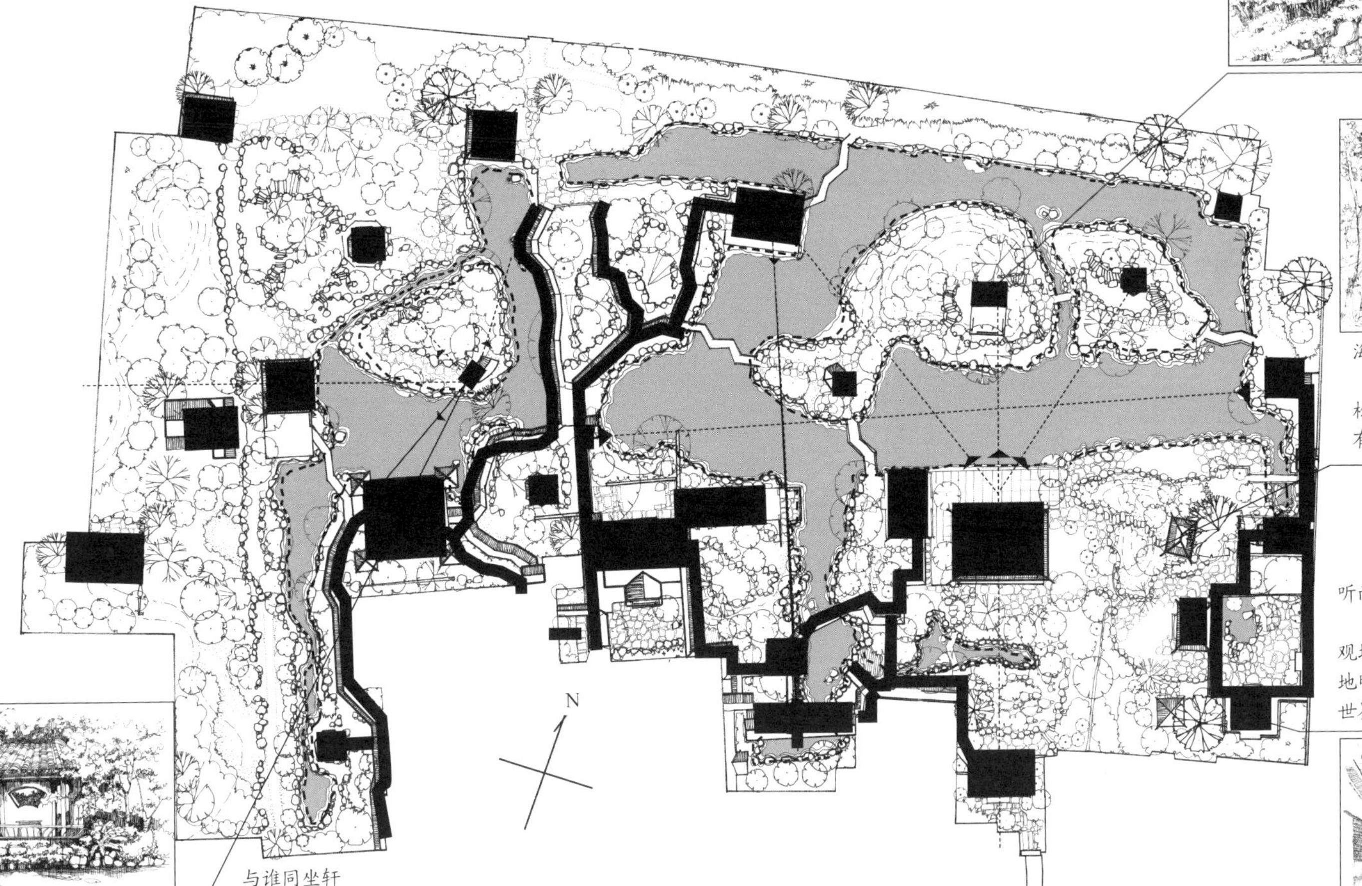

听雨轩组院

四周围合水景及墙，轩内可观墙内之景，院落私密，轩内落地明窗敞亮，可谓之内向的自由世界。

与谁同坐轩

清风明月我，3个透窗分别看到三十六鸳鸯馆、倒影楼、笠亭，体现园林看与被看及取景画中的意味，是西部构图的中心。

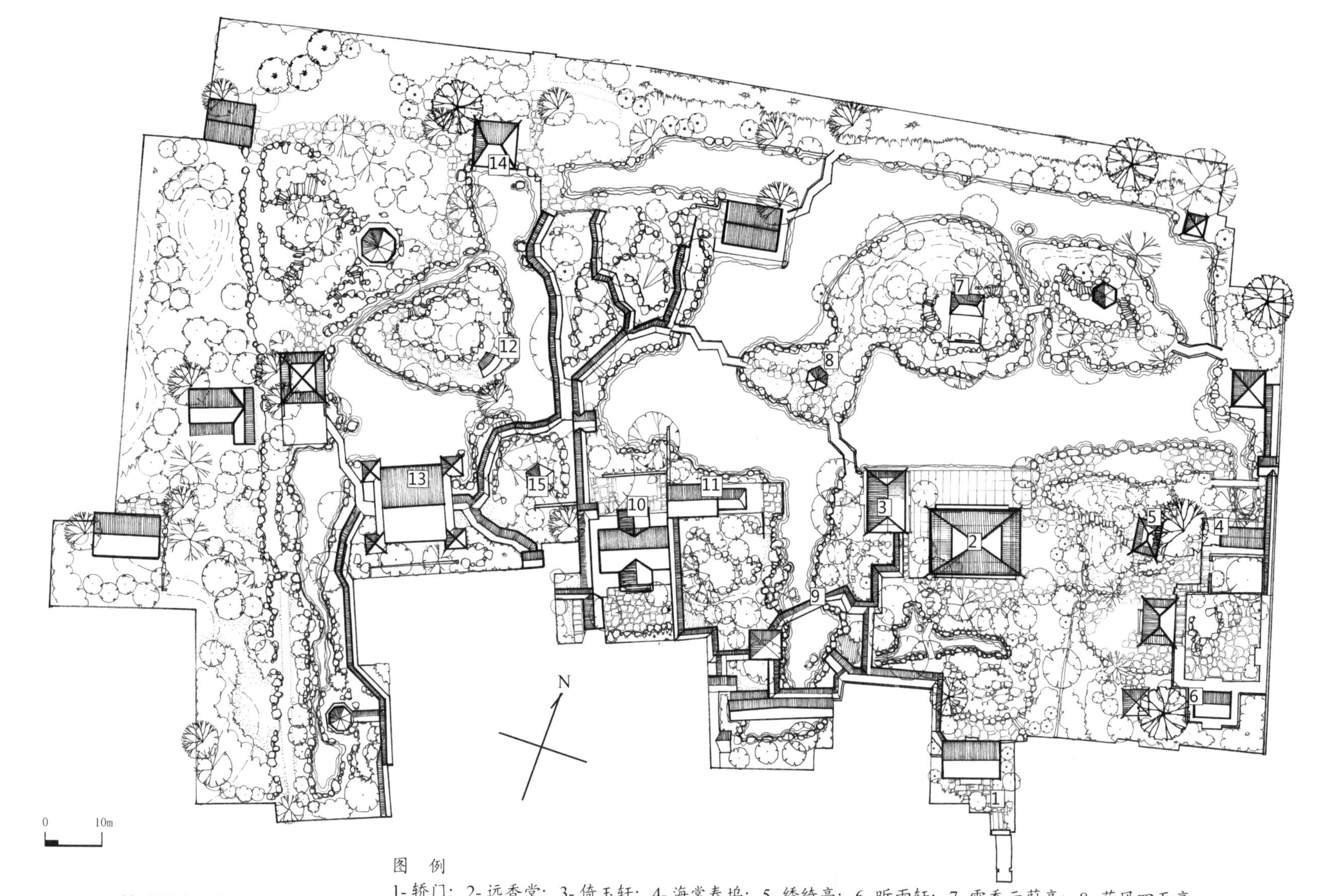

苏州拙政园中西部平面图

图 例

1- 轿门；2- 远香堂；3- 倚玉轩；4- 海棠春坞；5- 绣绮亭；6- 听雨轩；7- 雪香云蔚亭；8- 荷风四面亭；9- 小飞虹；10- 玉澜堂；11- 明瑟楼；12- 与谁同坐轩；13- 三十六鸳鸯馆；14- 倒影楼；15- 笠亭

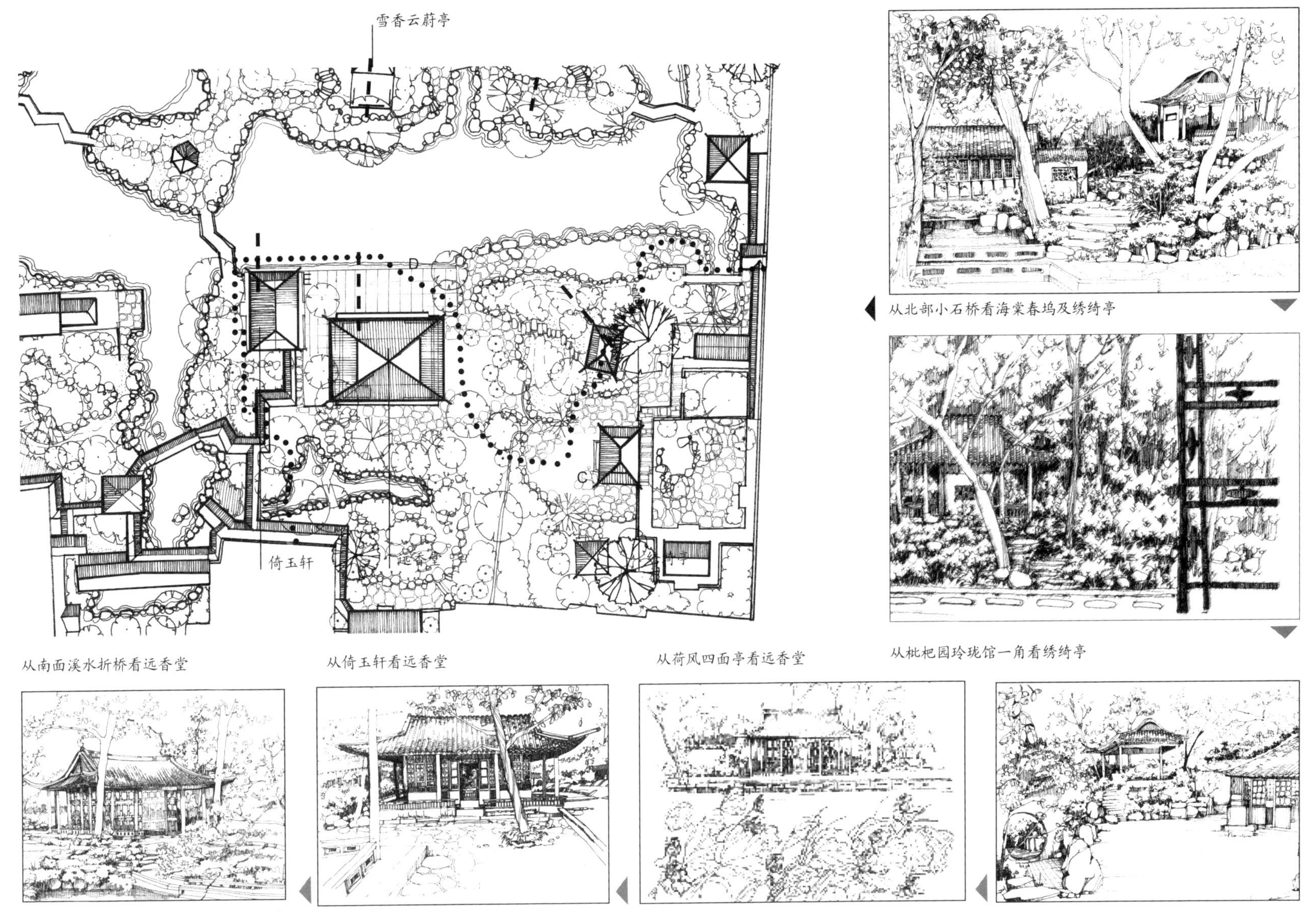

从北部小石桥看海棠春坞及绣绮亭

从枇杷园玲珑馆一角看绣绮亭

从南面溪水折桥看远香堂

从倚玉轩看远香堂

从荷风四面亭看远香堂

苏州拙政园中部水景局部平面图

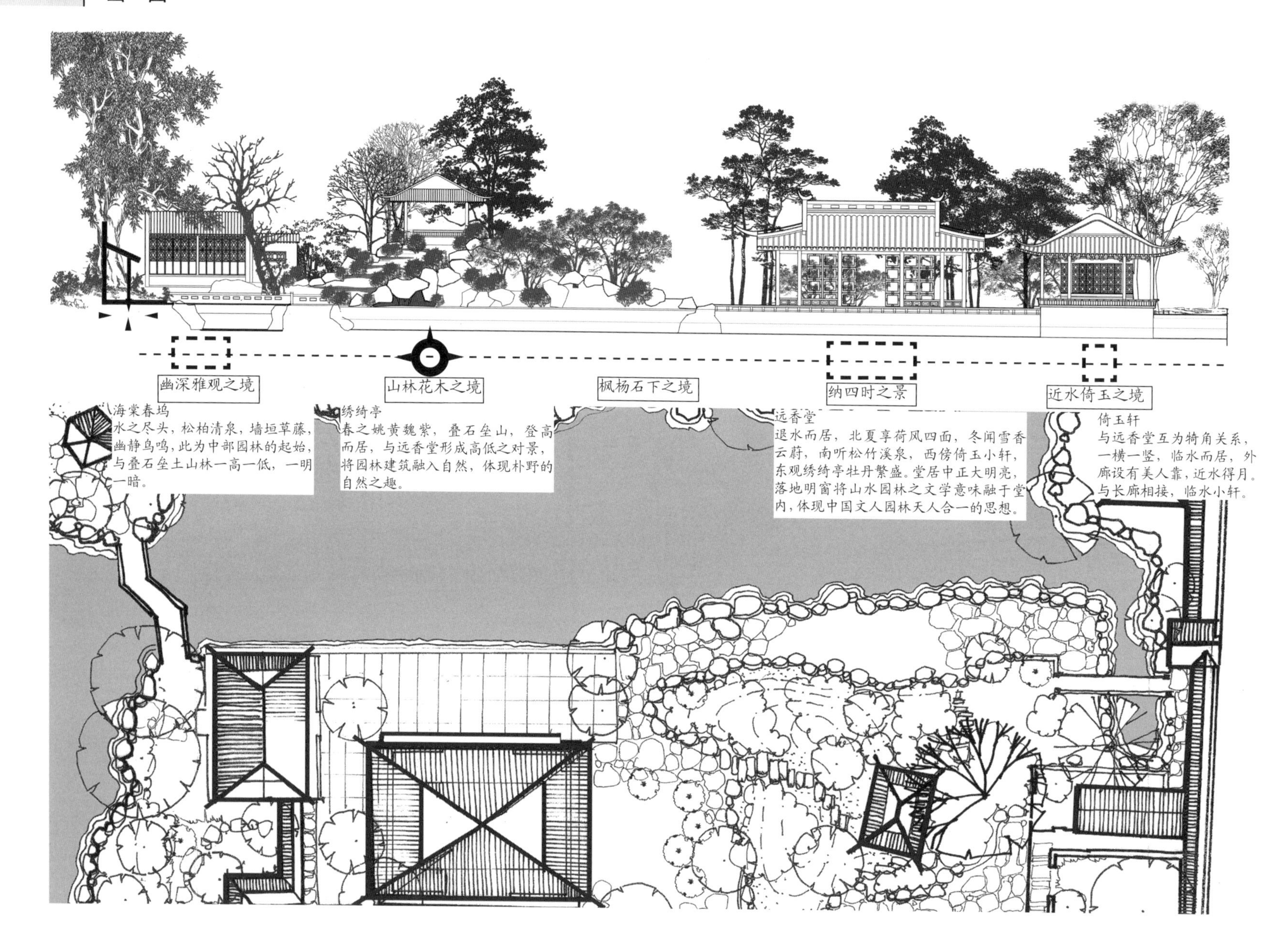
幽深雅观之境
山林花木之境
枫杨石下之境
纳四时之景
近水倚玉之境
海棠春坞
水之尽头，松柏清泉，墙垣草藤，幽静鸟鸣，此为中部园林的起始，与叠石垒土山林一高一低，一明一暗。
绣绮亭
春之姚黄魏紫，叠石垒山，登高而居，与远香堂形成高低之对景，将园林建筑融入自然，体现朴野的自然之趣。
远香堂
退水而居，北夏享荷风四面，冬闻雪香云蔚，南听松竹溪泉，西傍倚玉小轩，东观绣绮亭牡丹繁盛。堂居中正大明亮，落地明窗将山水园林之文学意味融于堂内，体现中国文人园林天人合一的思想。
倚玉轩
与远香堂互为犄角关系，一横一竖，临水而居，外廊设有美人靠，近水得月。与长廊相接，临水小轩。

玲珑馆

苏州拙政园中部水景

（二）艮苑梅香

北宋画院曾有“踏花归去马蹄香”之题，让画家按这句的内容表现出来。有的画家绞尽了脑汁，在“踏花”二字上下功夫，画面上画了许许多多的花瓣儿，一个人骑着马在花瓣儿上行走，表现出游春的意思；有的画家煞费苦心在“马”字上下功夫，画面上的主体是一位跃马扬鞭的少年，在黄昏疾速归来；有的画家运思独苦，在“蹄”字上下功夫，在画面上画了一只大大的马蹄子，特别醒目。只有一位画家独具匠心，他不是单纯着眼于诗句中的个别词，而是在全面体会诗句含义的基础上着重表现诗句末尾的“香”字。他的画面是：在一个夏天的落日近黄昏的时刻，一个游玩了一天的官人骑着马回归乡里，马儿疾驰，马蹄高举，几只蝴蝶追逐着马蹄蹁跹飞舞。只有这一幅画真正表现了“踏花归去马蹄香”的含义。在这句画题里，“踏花”“归去”“马蹄”都是比较具体的意象，容易体现出来；而“香”则是一个抽象的意象，用鼻子闻得到可用眼睛却看不见。而绘画是用眼睛看的，这一幅中蝴蝶追逐马蹄，使人立即联想到马蹄踏花泛起一股香味而引来蝴蝶将其误作花，如此画境自然成功获得第一名。而作为主考的宋徽宗在他的园林中怎么会没有香呢？那么我们就去逛一逛艮苑。

艮苑的山形水体一气呵成，纵观宋代及之前的皇家园林，艮苑是园林山水格局最为出色的案例。特此分析。

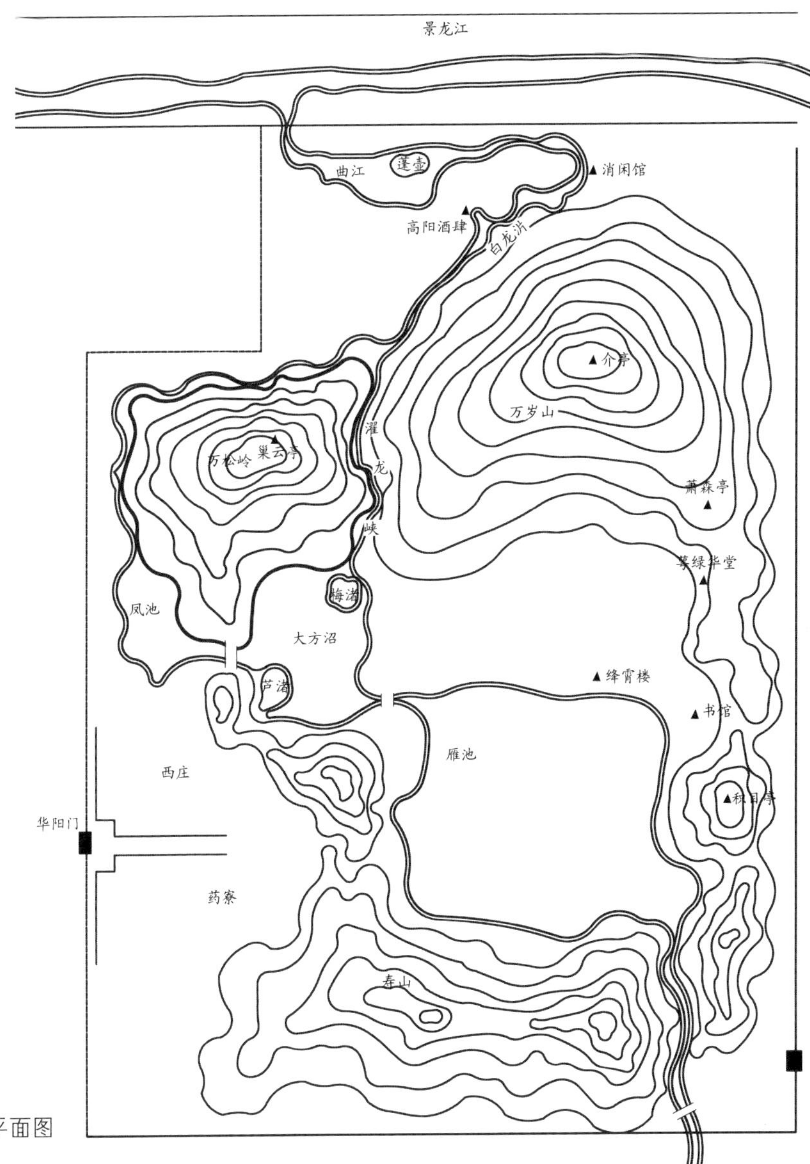

北宋艮苑平面图

1. 园林筑山理水之方法（艮苑）

（1）意境融汇，气韵贯通，山脉相连

1）意境融汇

中国园林以意境为先，如同绘画诗词，先构思其意境结构，再去布置。

2）气韵贯通

梳理气韵节奏，依据中国东方美学意境，设置气韵点线。

3）脉络体系，山脉相连，主山主旨，众山俯拱

中国园林的地形营造为骨架，骨架依据地形之起伏，艮苑山脉有主峰引导，众峰顺势成俯拱，并且形成面状、带状、点状的联系，具有中国画的疏漏密透的空间感，而且其中穿插气眼。

（2）脉络清晰，气神流畅，节奏变幻

山脉与水互为依存，神气贯穿其中，山形由整体断为3部分，万岁山主峰居大，余脉相连呼应寿山，寿山带状绵延至万松岭，整个山形高低、面、线、点形成体系。其中依据山形塑造出天然沟、渊、潭、沼、池、溪、大水面等各种形态贯穿于内，从而形成山水呼应、节奏变化曲折的风格；气乃空虚，空虚贯穿其中，有停滞、流畅及聚气空间，故而脉络清晰。

（3）空间营造顺势而生，围合形态灵活，建筑及植物等经营位置

山脉地形水景依据地势空间明暗宽疏，节奏变化灵活，水与山互为阴阳，同时聚气中心留白空寂，故而形态灵活。

综上所述：一个园林设计筑山理水很重要，全局布置体系，确定主脉形式空间，余脉点线环绕，山脉峰脊线即为一条隐形的脉络，留气来往停留之空间，并于起先将意境融入空间序列。其后为建筑、植物经营位置，运用空间对望等各种手法。

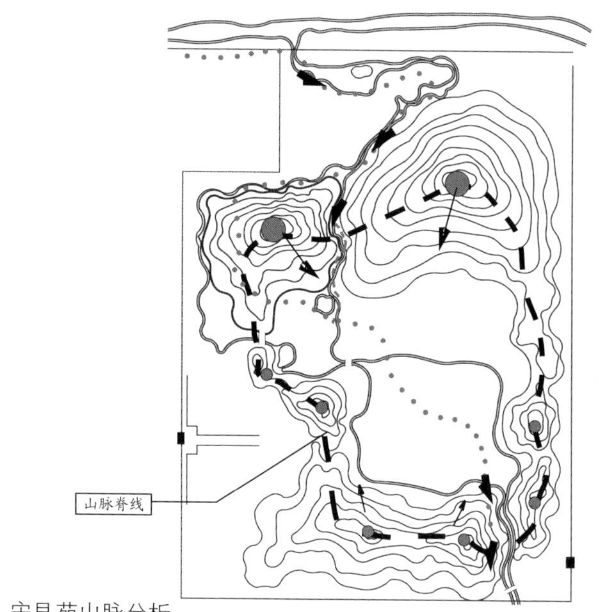

宋艮苑山脉分析

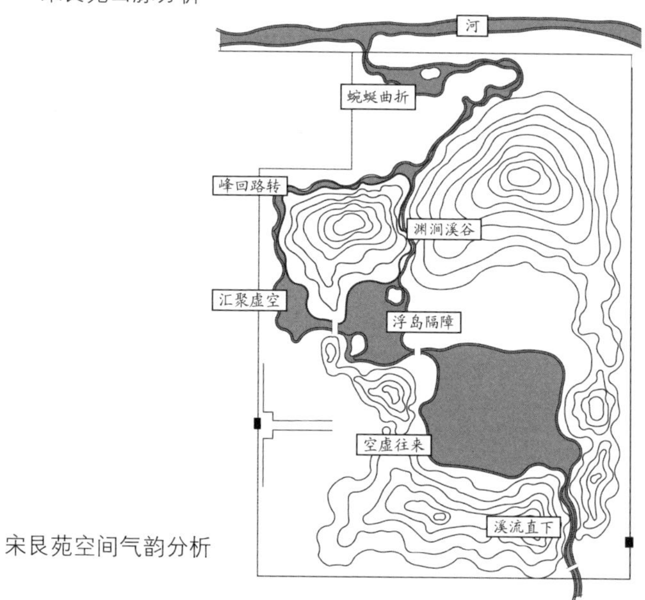

宋艮苑空间气韵分析

2. 园林筑山理水之方法（示范案例）

（1）意境融汇，气韵贯通，山脉相连

1）意境融汇

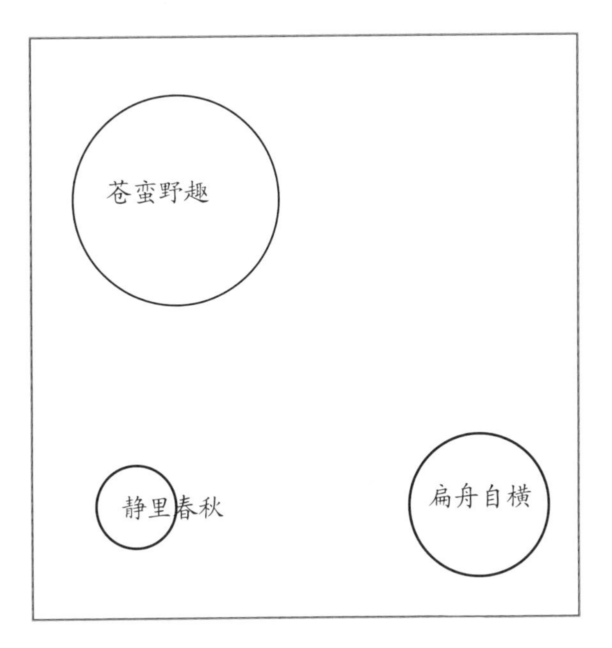

2）气韵贯通

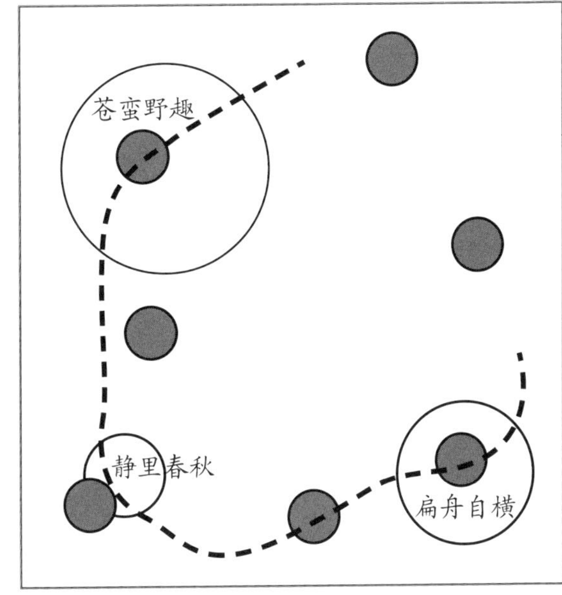

3）脉络体系，山脉相连，主山主旨，众山俯拱

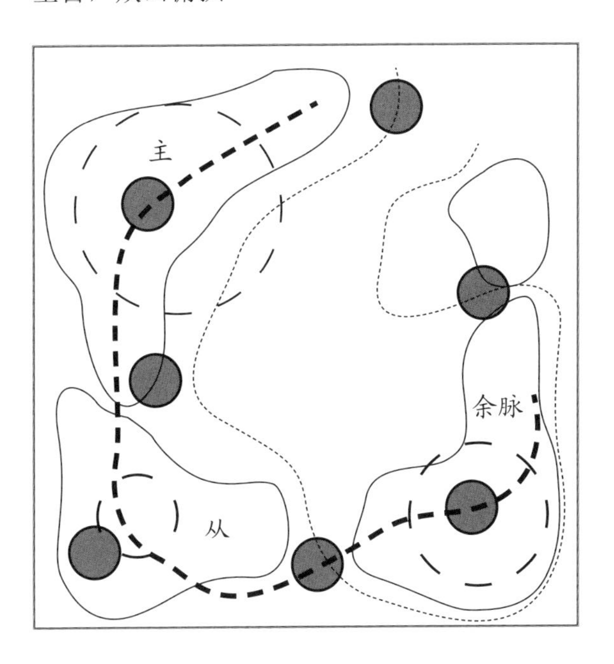

（2）脉络清晰，气韵流畅，节奏变化

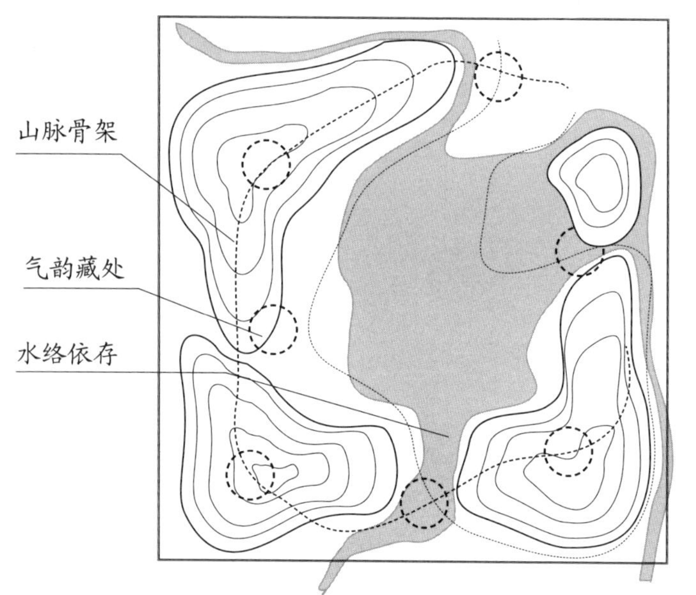

（3）空间营造顺势而为，围合形态灵活，为建筑及植物等经营位置

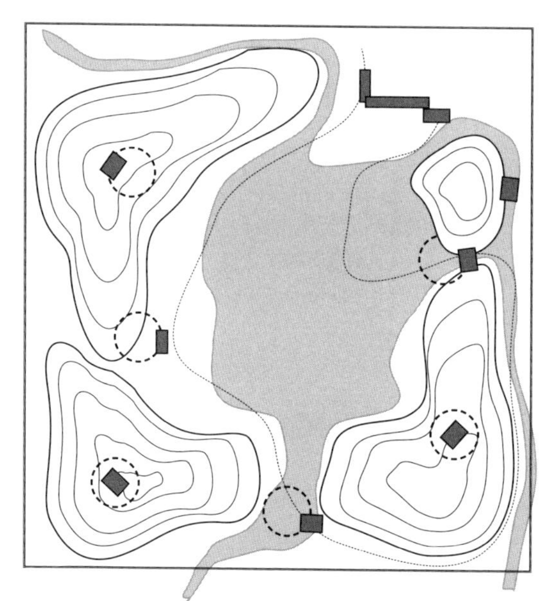

（4）调整

园林艺术与绘画文学艺术密不可分。犹如一片诗作，先有其意境结构后有辞藻修饰。故园林先定气韵，后生成骨架精髓。全局布置，确定主脉形式空间，余脉点线环绕，山脉峰脊线即为一条隐形的脉络，留气韵来往停留之空间，并于开始将意境融入空间序列。最后为建筑植物经营位置，运用各种空间设计手法将气韵之神画龙点睛。

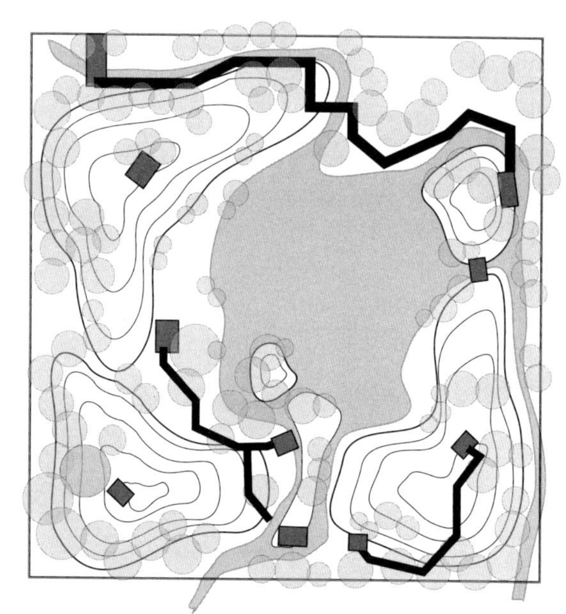

二、幽香古逸

幽香

“野芳发而幽香，佳木秀而繁荫。”

淡淡的幽香，似有似无，东方美学有了这丝清魂，建筑也灵动了。一丛桂树，小院墙后，自诗经而来，去往野芳丛中。

幽香，似有似无，飘在深深旧梦中。园林中的这份幽香涉趣探幽，淡淡的，平静恬然，沉醉自知。

（一）琼花清幽

香与雾，缭绕袭人，琼花与绣球偶遇。

2019年春，到无锡寄畅园。早早一人进园，万籁寂静，晨光初照，一池碧水空翠泻绿，整个中心水面深浅绿色交融，宛如一幅泼墨退晕的水彩画一般。我去寻八音涧中的泉水之声，空灵的泉水在石洞中发出回响，真是天籁之音。就在我从山石下来的小径上，一树白花挑出水面，风姿雅致，在一片清绿之中忽而白色仙子空灵而越，轻盈宛如花萼锦绣之中一白衣仙子飘然而立。原来这就是琼花。来寄畅园的路上一路繁花似锦，杜鹃重重叠叠，热闹非凡，就在先月榭的旁边。对望郁盘的山石之下、雍翠之中，白色的琼花清逸飘然。近看有飘飘仙子之态，坐于先月榭中远看，有脱俗之韵。

琼花本是泛指开着美丽花朵的花卉。而所谓琼者，即美玉也。琼花的花语代表美丽、浪漫、完美的爱情。“琼花玉树”也源于令人心旷神怡的琼花。隋炀帝就曾经为了下江南看琼花开凿了大运河，而王世充则因画出了琼花图被隋炀帝赏识，以此飞黄腾达。扬州后土庙的琼花，宋王禹偁早期赋诗曰：“谁移琪树下仙乡，二月轻冰八月霜。若使寿阳公主在，自当羞见落梅妆。”后韩琦《后土庙琼花》诗赞曰：“维扬一枝花，四海无同类”，更赞誉了琼花的珍异稀少。欧阳修做扬州太守时，又在琼花旁建“无双亭”。后来琼花香消玉殒，被称为“绝世之珍”。

据载，有人在琼花香消玉殒之后，仍登上琼花观，寻觅古琼花的芳踪，感怀思旧："何年创此琼花台，不见琼花此观开。千载名花应有尽，寻花还上旧花台。"看来我比古人幸运，可以在寄畅园看到临水之琼花，如同泻碧一般将整个水面的绿意忽然点化飘飘欲仙。故我兴起画寄畅园之琼花泻碧，作诗一首以记之。

寄畅园遇白衣仙子

惠山寺百花盛，
先月榭空翠洁。
素衣仙子飘，
清冷越水曳。
远看玲珑轻盈质，
近看玉琢冰雕姿。
古人寻花须旧台，
今人摇扇近水得。

寄畅园空间布局紧凑，植物生长繁盛，建筑舒朗，围绕水面布局，虚实疏密，十分有致。先月榭处于水之尽端，长廊连接观鱼槛。观鱼槛对望水中浮石古树，两岸大树对望相依相伴，似诉衷情。每处景即每处画，空翠之中斜风细雨落绿波。游在其中时而端坐，时而移步，时而对望，时而凭槛，始终不忘那一树琼花。水岸之边有低垂之姿，隔水相望却又盈盈挥手之态，山石之上俯瞰又是一番泻玉之形，妙哉。而其香味较浓，在此雍翠之中可谓清逸飘然。可见中国园林之中点景的植物需传神，在这香味之中让人神思清明，内心安逸。

（二）玉兰幽香

屋檐下旧窗前有一株白玉兰，何其生动优雅。此景可见颐和园内玉澜堂[①]。那年夏日到北京出差，大雨中赴玉澜堂，见寥寥一小院。一座三合院式的建筑，正殿玉澜堂坐北朝南，东配殿霞芬室，西配殿藕香榭。3个殿堂原先均有后门，东殿可到仁寿殿，西殿可到湖畔码头，正殿后门直对宜芸馆。原来此处玉兰成林，当时叫玉香海，现今只存一白一紫玉兰树，已有200多年的历史。虽没有看到玉兰花，不过庭院雅致，一老者扫地，雨中寂静，寥寥几人，独有一种轻快禅意之感。

昆明西山有一玉兰园，其中有独木成林的玉兰树，开花满树蔚为大观，一片海的玉兰不似幽香，却有金玉满堂之感。古代画家沈周《玉兰写生》中写道："韵友似知人意好，隔栏轻解白霓裳"。古人之诗真是传神，轻解白霓裳，白色素洁解衣浪漫。而且玉兰还可以煎食，中国人喜欢吃，看得还不过瘾便摘来吃[②]。千枝万蕾玉兰花莹洁清丽，具有玉一般的质地，高雅轻盈。玉兰花外形像莲花，盛开时，花瓣展向四方，使庭院青白片片，白光耀眼，再加上清香阵阵，沁人心脾。花开时异常惊艳，满树花香，花叶舒展而饱满。虽花期短暂，但开放之时特别绚烂，代表一往无前的决绝和孤勇，优雅而落落大方。古时多在亭、台、楼、阁前栽植。文徵明曾写：

---

① 北京颐和园玉澜堂初建于乾隆十五年（1750年），1860年被烧毁，1892年重建。"戊戌变法"失败后，曾于此处囚禁光绪。

② 清代《花镜》谓："其（花）瓣择洗清洁，拖面麻油煎食极佳，或蜜浸亦可。"

咏玉兰

绰约新妆玉有辉，
素娥千队雪成围。
我知姑射真仙子，
天遣霓裳试羽衣。
影落空阶初月冷，
香生别院晚风微。
玉环飞燕元相敌，
笑比江梅不恨肥。

诗中文徵明把玉兰花比做仙子，飘飘然白羽玉衣千队雪中团聚。那芳郁的香味，令人感受到一股难以言喻的气质，委实清新可人。迎风摇曳，神采奕奕，宛若天女散花，何其壮观何其美妙。难怪文徵明于拙政园内设计玉兰堂，可隔窗欣赏玉兰之羽衣。这又是一番园林之意趣——隔窗望玉兰。

伟大诗人屈原的《离骚》中有“朝饮木兰之坠露兮，夕餐菊之落英”“朝搴阰之木兰兮，夕揽洲之宿莽”的佳句，以示其高洁的人格。玉兰花中的龙女花，又叫大理木兰，花色洁白而馨香。据《滇海虞衡志》载：“龙女花，止一株，在大理之感通寺，苛赵加罗修道于此，龙女化美人以相试，赵起以剑之，美人入地生此花，奉空王，至今已数百年……忽被天上收去，如琼花匿无影矣！”《滇海虞衡志》讲了一个故事，说印度圣僧李成眉云游到大理南诏国，看到这里风水很好，就把手中的樟木禅杖一顿:“若此地能建寺，就让禅杖成活。”禅杖果然倏地长出根须。一座寺庙得以建盖，并被命名为“感通”。初建时感通寺僧人不多，一位和尚特别勤勉，每日都虔诚念诵《龙女经》，晨昏寒暑从不倦怠，感动了龙女。龙女化为一个白族女子为和尚做饭洗衣，以后又迎风入地，破土而出，长成一株花树开放在院心。这花，蕊柱如龙须虬曲，花瓣“白可敌雪，素洁如玉”，不多不少 12 瓣，闰年 13 瓣，非常神奇。有一年，南诏皇后生疮，寺僧就进献龙女花一朵，治愈顽疾。国王大喜，扩建感通寺，并在龙女花旁立下了“恩彼灵株”碑。徐霞客曾去过并记载，大理县志亦记载此花“花瓣如同玉兰，花蕊殷红，云南只此一树……树从根分挺三四大株，各高三四丈，叶长三寸半，阔半之，而绿润有光，花白，小于玉兰……”。我前段时间去往感通寺专门探访龙女花，古寺入口菊花繁盛，园内几树玉兰，由于秋季拜访未见其花。据说感通寺寒临大师遍访苍山，翻山越岭，攀岩过涧，终于在3800米高的悬崖峭壁上寻见一棵龙女花。1956年，周总理到云南大理时第一句问的就是龙女花的下落。寒临大师临终之际透露了龙女花所在详细位置，终于结束了龙女花只闻其名不见其花的状况，培育出了龙女花第一批活体标本苗300余株。我殷切期待着这龙女花能重现当今，故而在此畅想画一画龙女花，待到他日大理龙女花重现，再临画之。

玉兰花不仅有着动人的传说，有关玉兰花的宋代词、明代画等成为具有我国文化底蕴的精神现象，并上升至一个美好和精深的情感境界。五代徐熙的花鸟巨作《玉堂富贵图》中，玉兰、海棠、牡丹3种名花相配，取玉兰与海棠谐音“玉堂”和牡丹之富贵象征营造了“玉堂富贵”的画旨。元代的传世织品《织成仪凤图》中以拈金线织制玉兰枝头盛开的美景，来烘托以金彩纬线通梭提花织制的百鸟朝凤图案，展现了一幅富贵大气、吉祥如意而又生机勃勃的春景图。亦有画家通过玉兰表达和寄托个人对清雅高洁风骨的推崇，如清人恽寿平大胆突破以冷色、淡色为主的传统花鸟画法，浓妆艳抹与冷暖色调并存，完美地将“徐熙野逸”与“黄筌富贵”风格统一于画面，极好地表现了玉兰高雅冰洁的风致。文徵明在拙政园中设有玉兰堂，堂前一树玉兰，可观其形，可闻其香，可思其诗，可忆其画。隔着那扇花窗，立于廊下，虽不见玉兰，画中自有幽香来。 我画一枝窗前玉兰，回忆母亲家门口的那棵玉兰树，缅怀故人于心中。

（三）小山丛桂隐香

“人闲桂花落，夜静春山空。月出惊山鸟，时鸣春涧中。”王维诗中，月下桂花，春涧鸟鸣，幽香悄然而至。

那年我到网师园，天色苍茫，春雨刚过，小山丛桂轩中一坐，体味小山丛桂之幽。细细思量桂花之幽究竟从何而来？一屋之后，一墙之内，几丛桂树，几块白石，却去往千年。距今2200前《楚辞·小山招隐》句：“桂树丛生兮山之幽，偃蹇连蜷兮枝相缭。”招隐士者，淮南小山之所作。说的是桂树丛生之地山幽，隐士你回来吧，这山中啊不可以久留！深山老林中的野桂树丛是个配角，隐士与桂花紧密联系在一起，桂之幽，隐士之乐。由于此文的广泛流传，开创了魏晋南北朝时期“隐逸文学”的先河。而隐逸文学又顺应了当时“尚老庄、崇放达”的社会风气，出现了如郭璞、阮籍、嵇康、陶渊明等杰出人物，最终使隐逸文学成为中国古典文学史在那个特殊年代、特殊社会中的一颗明珠。不禁问何为隐逸？隐逸其实可以分成三种：儒家之隐、道家之隐和释家之隐。三者既有区别，又有联系，但其精神实质是相通的。孔子说过一句话：“隐居以求其志。”（《论语·季氏》）这句话对于理解隐士的精神很关键。也就是说，隐士所追求的不是功业，不是事业，更不是职业，而是“志业”。我觉得孔子说得很好，

玉兰窗前寻旧人

老母窗前一树花，年年盛放迎窗笑。
今年人去花依旧，花枝敲窗寻故人。
落叶不语天际空，高洁白素如点灯。

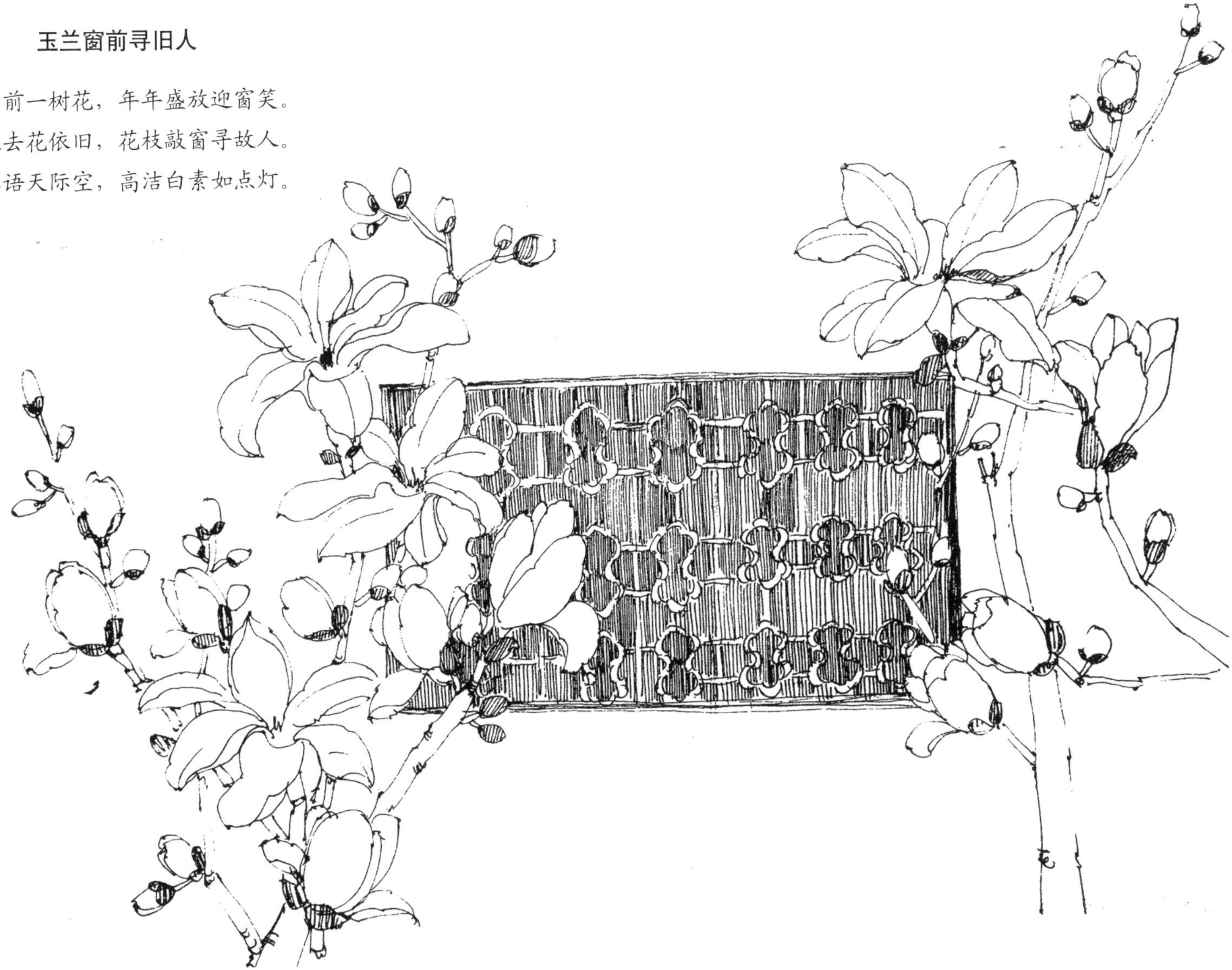

隐士不是仅仅博得隐士美名，而是抛去了繁华干扰，潜行在“志业”上谋求自己的一个世界，在艺术世界或哲学世界里思考及创作，追求一种纯粹意义上的精神自由。宗白华说过：“晋人向外发现了自然，向内发现了自己的深情。”说得很好，东晋大兴隐逸之风，在当时盛行山水旅游的风气。由“隐居以求其志”变成“隐居以求其乐”。乐，庄子的濠濮之乐、山水之乐！在山水中体验大自然的博大，领略老庄思想的智慧，真是与道逍遥，乐在其中！

故小山丛桂轩就有“隐居以求其乐”之意。说起求其乐就想起许询。东晋有名的隐士叫许询。许询隐在永兴南幽穴中，每获四方诸侯之遗。或谓许曰：“尝闻箕山人似不尔耳。”许曰：“筐篚苞苴，故当轻于天下之宝耳！”故事说，许询隐居在永兴县南部的深山洞穴中时，经常有各地的官员赠送物品给他。许询虽然是隐士，但他和许多名人都有交往，王羲之都是他的好朋友。许询接受了官员的馈赠，就有人讽刺他说：“听说在箕山隐居的许由好像不是这样。”意思是，哪有这么没有操守的隐士呢？可许询却振振有词地说：“接受点装在竹筐草包里的东西，实在比天子之位轻多了！”许询已把别人之观抛掷于脑后，故东晋名士之所谓逍遥境界，其实是一切发于本真，质朴，超然于世俗之观。真正的隐士不是沽名钓誉，而是潜其心志修行，清八大山人甚至连话都懒得多说一句。这是一种内在的映射而非故作。

东晋的隐士大都比较有钱，这也成为隐士洒脱的原因之一。连僧人也不例外，像支道林甚至还养了好几匹马，一个出家人竟然养马，哪有“六根清净”“四大皆空”的样子？有人就提醒他说：“道人养马，说起来可不够雅致。”支道林应声答道：“贫道重其神骏！”——贫道看重的，正是马的神情骏逸，不同凡俗！不受世俗的眼光影响，自由自在活在自己的世界之中，也是一种风尚。支道林隐居在剡东岇山的时候，有人送给他两只鹤，过了不久，翅膀长好了，就要飞去。支道林舍不得它们，就折断了鹤的翅膀。鹤要飞却飞不了，就扭头看着自己的翅膀，伤心地低下了头，看起来非常沮丧。支道林很有感触地说道：“既有凌霄之姿，何肯为人作耳目近玩！”既然鹤有飞上云霄的才能，怎么会愿意作供人观赏把玩的玩物呢？于是细心调养，让鹤的翅膀长好后，就放它们飞走了。可见他自得其乐，逍遥自在，真实质朴。还有一次，他向另外一个叫竺法深的名僧提出了一个请求，就是想出钱把属于竺法深的一座山——印山——买下来。问他干什么，他说我要在这里隐居。竺法深一听，就讽刺他说：“未闻巢、由买山而隐。”意思是，我没听说过巢父、许由那样的隐士是买山而隐的！言下之意，你这是隐居还是摆阔啊？支道林到底有没有买下印山呢？我不知道。但是我觉得他率真，很有趣。真隐士得到的是内心的纯真，排除了世间的功利之考量从而得到了自由。而这种自由便是中国文人所追求的，故而1000年后有了网师园的小山从桂轩。再1000年后有了我们去看看。

小山丛桂轩为幽香归隐之所。“隐而求其乐，隐而求其志”，我漫步其中画一画小山丛桂轩窗外之山石，想起买山而隐之故事。

苏州网师园　小山丛桂轩

随笔画画，不如支道林豪气，不过呢也自在。

网师园始建于宋淳熙初年（1174 年），原为扬州文人史正志的“万卷堂”故址，花园名为“渔隐”，后废。至清乾隆年间，退休的光禄寺少卿宋宗元购之并重建，定园名为“网师园”。网师乃渔夫、渔翁之意，又与“渔隐”同义，含有隐居江湖的意思，网师园便意为“渔父钓叟之园”，此名即借旧时“渔隐”之意。园内的山水布置和景点题名蕴含着浓郁的隐逸气息。

网师园分为 3 部分，以中心水池为主，几个小院分散在中心四周。由射鸭廊进入可纵观全园，对望月到风来亭。射鸭廊侧立面具有中国画的写意之感，白墙背景，临水挑出，池石浮现，植物低矮，现在种植爬藤植物于墙，十分幽静。第一部分小山丛桂轩在水池山石之后，整个小山丛桂轩处于一座假山与疏石小院之间。轩对石山侧开窗，室内设置长桌及盆栽，在室内安坐有一种见山仰止之感。轩另一侧通透开敞，可见山石丛桂之景，又是一幅画面。从小山丛桂轩有曲折的廊子连接蹈和馆，走在廊道之中四周山石灌木丛生，春天还有杜鹃盛开。在小山丛桂轩之末端山石边上一簇绣球花树形斜枝摇坠，别有一番情趣。空间布局上小山丛桂轩由 4 个空间串联而成，即高山仰止空间、低丘丛植之院、畅廊天井式植物小院及蹈和馆对倚建筑。明暗交错，疏密有致，堆石北高南低，植物疏密得当。故隐逸归幽却有其境，山石堆叠较为有致。我觉得此轩适合弹琴品茗，悠然自得。

穿过墙门通过走廊可到达中心水面另一侧月到风来亭，此亭有三景，天上望月、水中望月、镜中望月。后面章节详述。

第二部分殿春簃，此处在世界上很有名，因为陈从周先生将此园模拟建于美国纽约大都会博物馆（The Metropolitan Museum of Art）中，被称为“明轩”。“明轩”获得了巨大成功和广泛赞誉，成为中国园林走向海外的开山之作。整个殿春簃小院空间高墙环绕，墙前疏石林木，冷泉亭居于山石一角，亭中置石。石景造型颇具匠心，远看如同一幅石景疏林意趣盎然之图，近看石下有水潭，游鱼时隐时现，颇有灵气。

第三部分竹外一枝轩，在中心水池北岸石折桥去竹外一枝轩，我个人觉得石折桥上是整个网师园取景最好之处。桥对着竹外一枝轩的外廊。左侧可见看松读画轩的松树岸石，折桥前方可见一漏窗墙，墙后为临水廊道，远景为射鸭廊，景致一隔斜挑松树，二隔漏窗长廊，三隔射鸭廊。我站在此良久，想起宋词之隔，忽而觉得中国园林的画意就在诗意的隔与不隔之间达到了那样婉约的意境。王国维《人间词话》说：“境非独谓景物也。喜怒哀乐，亦人心中之一境界。故能写真景物、真感情者，谓之有境界。否则谓之无境界。”说的是境界并非单独指景物，喜怒哀乐也是人内心中的一种境界。因此能写出真景物、真感情的作品，才能说是有境界，否则就没有境界。文学中有二原质焉曰景，曰情。文学理论上的情景交融是意境创作的表现特征，同时也是中国古代诗歌的优良传统。在先秦时期的《诗经》中就有“昔我往矣，杨柳依依；今我来思，雨雪霏霏”这样优美动人、情景交融的诗句。王国维在这里强调境界不仅需要描写真景物，同时也要有作者的真实情感，这样的文学作品才能称得上是有境界。如果作者无病呻吟，勉强抒情，就会适得其反，使作品流于轻薄虚伪。我觉得文学的情景交融于现实园林中也是一通百通。漫步小山丛桂轩，低吟“桂树丛生兮山之幽”，檐下桂树林中，山石参差，青草落叶，别有情趣。

幽香古逸，幽境必定四周围合静谧安逸。中国人内向的世界就在那屋檐之下，白墙疏影中，自酌自饮，低吟中随着幽香而自我放逐，感悟着天地，品味着人生，书写着无可奈何。这缕幽香经过千年仍然散发着独特的气味。边画边放逐自己，幻想做一个山野闲人，片刻的宁静也足矣。幽意来自远古，其香至今飘逸，一片石一叶草就在这咫尺之院中得到了永恒。时空凝固了，停在了《楚辞》之中，停在了繁华之后，“天人合一”便在寂静之中古意之外心神了然。

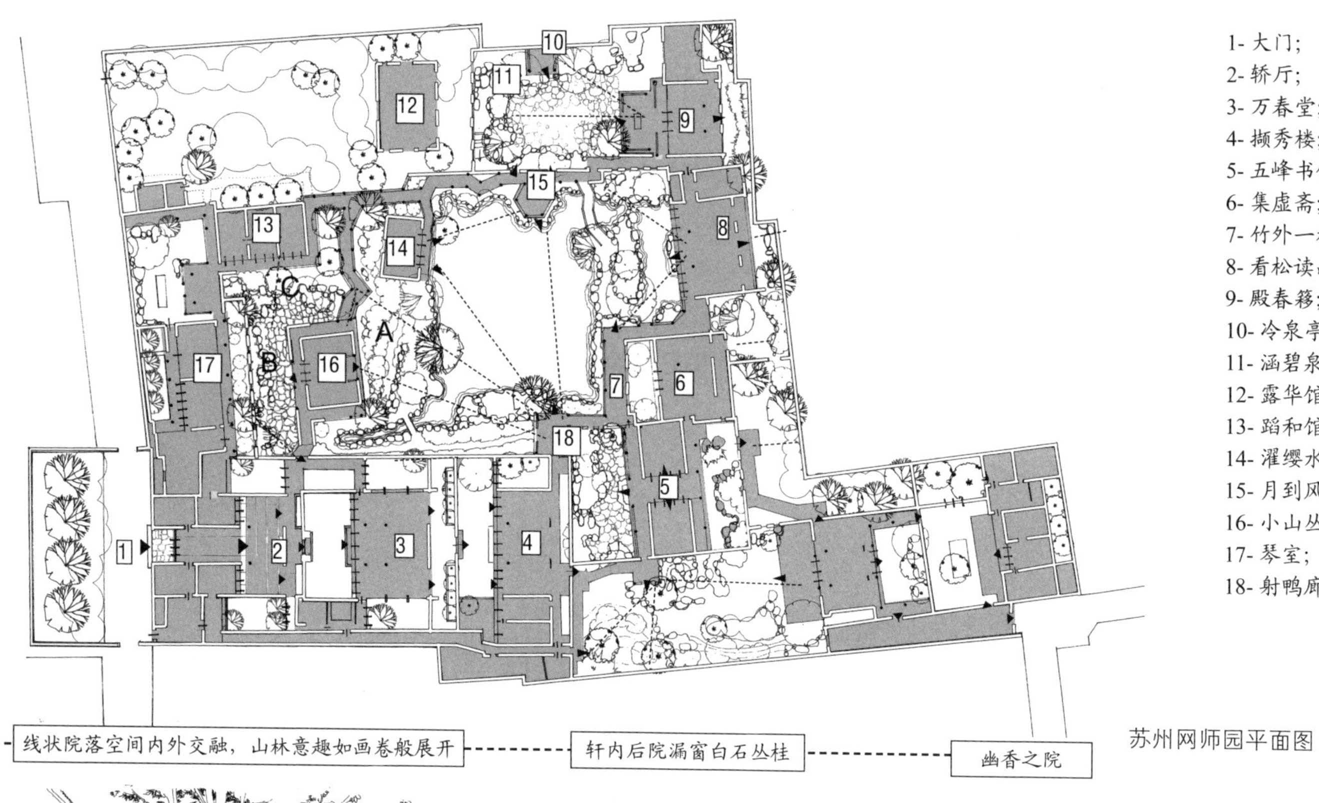

苏州网师园平面图

小山丛桂轩 A 北立面图

小山丛桂轩 B 透视

小山丛桂轩 C 透视

苏州网师园　小山丛桂轩

苏州网师园　从小山丛桂轩内向南望

三、暗香浮动

暗香

“疏影横斜水清浅，暗香浮动月黄昏。”

疏影横斜，暗香浮动，这是清丽脱俗的审美情趣。梅花给人一种清新隽永、古拙奇朴的感觉。梅枝栖息在天然、灵动的园林中，白梅素雅、空灵；老梅苍劲、古拙。暗香伴随着“清客”在园林中若隐若现，令人浮想联翩。

“墙角数枝梅，凌寒独自开。遥知不是雪，为有暗香来。”一缕暗香飘然而来，似诗，似曲，似画，却是那心中的旧识？

品完幽香，去品暗香，去寻一寻清客之逸。为什么中国文人喜欢梅花？先读一读北宋林逋的《山园小梅·其一》：“众芳摇落独暄妍，占尽风情向小园。疏影横斜水清浅，暗香浮动月黄昏。霜禽欲下先偷眼，粉蝶如知合断魂。幸有微吟可相狎，不须檀板共金樽。”暗香浮动，月下疏影，触动心灵的境界。梅花，有3000多年栽培历史，品种繁多，姿态优美，内涵深厚，是中国古典园林中尊贵的“清客”。

暗香指梅花，暗香浮动展现了中国传统文人的一贯追求。唐诗《早梅》“前村深雪里，昨夜一枝开”，写出梅花的孤高冷傲一枝独开。唐崔道融《梅花》“数萼初含雪，孤标画本难。香中别有韵，清极不知寒。横笛和愁听，斜枝倚病看。朔风如解意，容易莫摧残。”写孤寒中的梅花，坚忍顽强，傲然独立。宋陆游《卜算子·咏梅》“驿外断桥边，寂寞开无主。已是黄昏独自愁，更着风和雨。无意苦争春，一任群芳妒。零落成泥碾作尘，只有香如故。”写出梅花的古洁与神韵。宋苏轼《西江月·梅花》“玉骨那愁瘴雾，冰姿自有仙风。海仙时遣探芳丛。倒挂绿毛么凤。素面翻嫌粉涴，洗妆不褪唇红。高情已逐晓云空。不与梨花同梦。”写出梅花的玉洁冰清的风骨以及高尚的情操。姜夔有两首咏梅词即题为《暗香》、《疏影》。暗香浮动月黄昏，梅不再是浑身冷香了，而是充满了“丰满的美丽”，饱含精神与力度，也很有温度，很有未来。正因为如此，该诗才有着强烈的现实感，让人感到很真实。一句理想主义的诗句，让人们展开了一回心灵的、审美的旅游。而暗香的文学意境在中国园林中屡有体现。

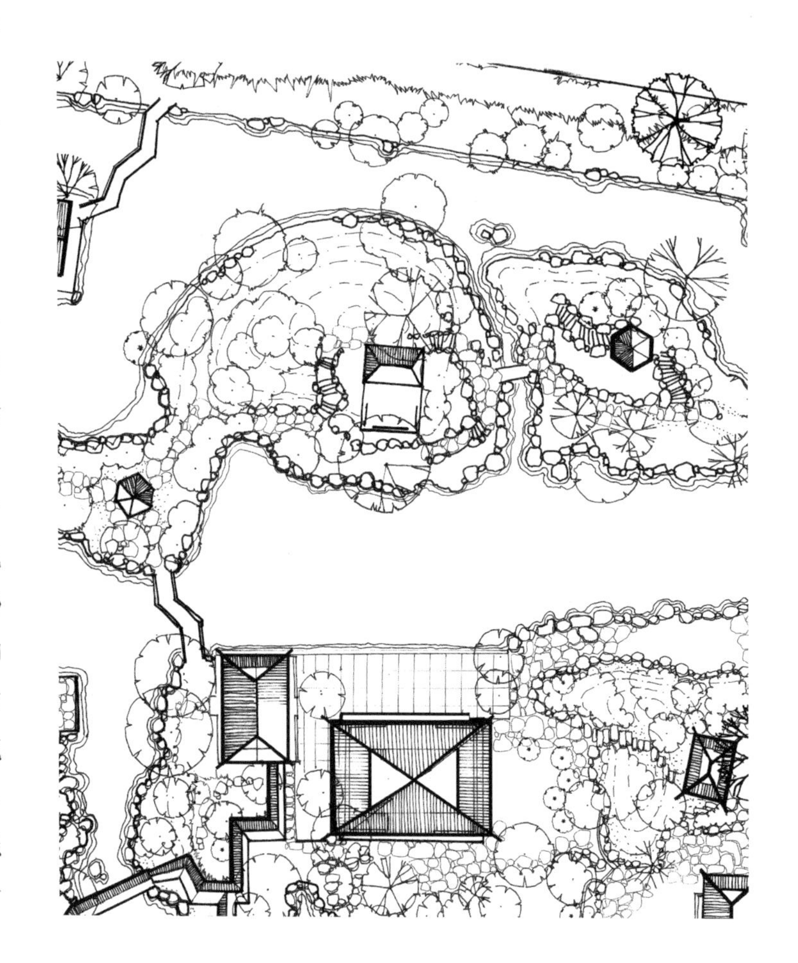

（一）雪香云蔚

雪香云蔚，多么好听的名字，冬天特地去看何为雪香云蔚？

“山花照坞复绕溪，树树枝枝尽可迷。野客未来枝畔立，流莺已向树边啼。”多年后那个野客来了。那年大雪，雪后三日我便入园，登上雪香云蔚亭环顾四周如同写意山水白茫茫一片，一片素白却勾勒出了拙政园的轮廓。“雪香”，指白梅，色白而香；“云蔚”，《水经注》有“交柯云蔚”，指山间树木茂密。雪慢慢地化了只有薄薄一层压在梅枝上，梅花未开，花蕾初现。正值春节前夕人迹罕至，我一人独坐于亭中，小叶子去玩雪。梅花的花蕾为倒卵形，其实梅花很难画，枝多花小，而此时仅一两枝破雪而出，妙哉。暗香自来，我心安逸。雪香云蔚亭南柱有楹联：“蝉噪林愈静，鸟鸣山更幽”。此时无蝉鸣，却有鸟鸣。此联运用以声显静的艺术手法，描绘出一幅幽静、深邃、富有情趣的自然景色，描绘世界的静止和安谧，颇富佛教禅意。据说当时笃信佛教的梁简文帝常“吟咏不能忘之”。茫茫白雪，老梅横枝，空寂无声，暗香未至，我已沉醉。一幅静态梅花清寒冷寂之境深存内心。老梅初蕾独立白雪之中，一缕缕暗香，一亭，一石，四面清风，在冷清世界之中，薄雾冷寒之间，清空之中，物性、人情与境共生，幽韵冷香，挹之无尽。虽未见梅花却也有意思。

听着张学友的《暗香》之歌，暗香盈园，夜雨微冻，杯酒渐浓，画一画雪香云蔚，朦胧中却似又清晰。繁华的世界里，线在空寂与冷清之境，观照内心，去除杂念，苍茫之中内心中的信念更为明确，见景明志。雪香云蔚存于画中。

（二）梅林惆怅

康德曾经说，有一种美的东西，人们接触它的时候，往往感到一种惆怅。那年游明孝陵梅林，便有此感。

那年春节之前，我去南京明孝陵，误入梅花林，隔着一片片的梅林可以看到明孝陵的红色方城明墙。明孝陵经历了600多年的沧桑，许多建筑物的木结构已不存在，旧迹斑斑，“西风残照，汉家宫阙”。明孝陵周边种植了梅花。梅花山有“天下第一梅山”之誉①。春节期间的明孝陵梅山人迹罕至，漫步于梅林之中，疏影暗香拂面而来。由于母亲不久前去世，心情黯然，登上明孝陵之城墙，暮霭沉沉天色灰暗。忽而想起“伫倚危楼风细细，望极春愁，黯黯生天际。草色烟光残照里，无言谁会凭栏意？”危楼风细，望尽天际，这个望就是不可得。烟光草色是一种萧瑟之景，见景生情，此处无栏，却是沧桑城墙。远眺梅花，不知天际人可逍遥？我以前是豪

---

① 此梅园与上海淀山湖梅园、无锡梅园和武汉东湖梅园并称中国四大梅园，居四大梅园之首。

野客雪香

夜雨冻，
杯酒渐浓。
雪香云蔚纸上浮，
白描空寂。
繁华落寞，
冷清，
流浪雪香。
野客未来枝畔立。

苏州拙政园 雪香云蔚亭

放派，不喜欢雨霖铃。如今却突然明白了柳永，就像一幅风景素描一般静静地由细微发散到整个苍穹，触动人的灵魂。以后到南京尽量远看明孝陵。每个人天生的才能不同，凡具有特殊才能的人，往往都会不惜牺牲一切来从事他自己才能所专注的技艺，他非这样做不可，这是没有办法的。柳永喜欢音乐，因此就常为流行歌曲作词，这影响了他的一生。宋人笔记说："教坊乐工，每得新腔，必求永为词，始行于世。"因此，柳永一直为此不得重用，流离奔波。观自身，黯然。罢了，唯有画画一解忧愁。惆怅完了继续赏梅。

梅花，古文人骚客犹爱之，历代帝王宫苑、园林寺庙多种植梅花。一枝梅花，千年的幽香深入中国文学与园林之中。秦汉时期梅花具有写实的意境，魏晋南北朝赋予了"赋"之情感，自唐代以后随着文学的发展，梅具有了象征意义，而那份清寒冷寂的意境在园林之中得以写意。

在先秦诗歌中，《离骚》遍咏香草，独不及梅。《诗经》中有五处咏梅。早期梅花在诗歌园地，是梅与诗结合的最初状态，一种自然原始质朴的状态。故而园林中也是作为观景植物种植。汉修上林苑，种有多种梅花。梁简文帝作"梅花赋"，谓"灵苑之中，奇木万品，而梅花特骚"。梅花被选作城镇绿化树种，西汉杨雄作《蜀都赋》，谓成都"被以樱、梅，树以木兰"。汉魏六朝至唐为发展时期：汉乐府横吹曲词中有《梅花落》一曲，古词已不存。六朝的诗人，如陆凯、鲍照、何逊、庾信等，有不少描写梅花的诗篇。可见梅花在汉代及南北朝时期与诗、赋结合体现了自然的本质特点，较为写实。在园林中的运用以林苑出现。唐王维、杜甫、白居易等大诗人都有赋咏之作，梅花具有了象征意义。南唐金陵园中种植梅花千树，建"梅岗亭"。宋政和初年，作艮岳于禁城（在今开封市境内）之东，建飞来峰，腰径百尺，植梅万本，曰"梅岭"。而且梅花之象征意义融入园林之中。

宋代陆游也曾赞美成都城内至西郊，沿途梅花"二十里中香不断"。杨万里则留下"一行谁栽十里梅，下临溪水恰齐天"的梅花诗句。宋代姜夔[①] 也很喜欢梅花，曾有这样的故事：辛亥年冬天，姜夔冒雪去拜访石湖居士。居士要求他创作新曲，于是他创作了两首词曲。石湖居士吟赏不已，教乐工歌妓练习演唱，音调节律悦耳婉转。于是将其命名为《暗香》《疏影》。趁着皎洁的月色，对着梅花吹得玉笛声韵谐和。笛声中姜夔与佳人一道攀折梅花，不顾清冷寒瑟。诗人感叹渐渐衰老，往日春风般绚丽的辞采和文笔，全都已经忘记。想折枝梅花寄托相思情意，积雪又遮盖了大地，手捧起翠玉酒杯，禁不住洒下伤心的泪滴，面对着红梅默默无语。昔日折梅的美人便浮上诗人的记忆。曾经携手游赏之地，西湖上泛着寒波一片澄碧，梅林绽放的红梅，被风吹得凋落无余，何

---

① 姜夔（1155—1221 年），字尧章，号白石道人。为诗初学黄庭坚，而自拔于宋人之外，所为《诗说》，多精至之论。尤以词著称，继承了周邦彦的衣钵，在格律、辞藻等方面下功夫，故能自度曲，音节皆婉，进而从另外一个方面发展了宋词。今存有旁谱之词 17 首，为词格调甚高，清空峭拔，对南宋风雅词派甚有影响，被清初浙西词派奉为圭臬。有词集《白石道人歌曲》。姜词与周邦彦齐名，人称"周姜"。其词在南宋声望极高，为历代文人所推崇。

时才能重见梅花的清幽？可见梅花是古往今来多少诗人词人之抒情咏怀之物。“清空是意境，骚雅是笔调”，咏梅情感上主要表现高洁的士大夫情怀，艺术表现上避实就虚，侧重于空灵的境界，色彩上偏于素净。其实有时候文学就是在这样悄无声息中使人得到了精神的领悟，园林艺术与文学紧密联系。暗香的意趣随着文学的发展，具有了形象与内涵，抽象表达了冷寂、清空、素净之境界。文人咏梅，将梅置庭院之中。如扬州的“梅庄”，杭州的“孤山探梅”，南京僻园的“梅屋烘睛”，瞻园的“岁寒亭”，常州红梅阁的“红梅春晓”，苏州狮子林的“问梅阁”，拙政园的“雪香云蔚亭”，成都杜甫草堂的“苔阁梅灵”。杭州灵峰主展区，拥有笼月楼、掬月亭、瑶台、云香亭、品梅苑、漱碧亭等10余处名胜古迹与赏梅景点。灵峰主景区以赏梅为主题，结合山岙峡谷、苍松翠竹、山溪清泉等自然环境，充满了山林野趣。早春时节，梅花、蜡梅竞相争艳，红的似火，白的似雪，粉的如霞。宋代之梅，空灵、素净、抽象。不同的梅景投射着不同的意境，看来余生还有那么多的景致待看啊。

宋以后为咏梅的繁盛时期，梅花的自然意蕴此时已被充分地发掘出来，人们赋予它的人文意蕴此时也被丰富地展现出来。梅花以其千姿百态的风貌和独具特色的个性，卓然挺立在诗词的大花园中。此后，无论是诗还是词，无论是长篇还是短制，无论是专题赋咏还是片语寄意，都是循着宋人的这条路子发展下来的。明代罗伦描述北方宫苑梅花“玉堂不让孤山趣，雪里冰肌封紫薇”。而对我触动最大的还是一个海棠花窗外的几株小梅，疏窗孤影，唯吾可见。

（三）古猗冷梅

清代之梅园，结合建筑之花窗，更显雕琢。古猗园[①]是上海五大古典园林之一，园内有梅花一百余株。古猗园以绿竹猗猗、静曲水幽、建筑典雅、楹联诗词以及花石小路等五大特色闻名。“猗园”的名字，从“绿竹猗猗”[②]的意境中得名，以竹为主是古猗园的传统特色。古猗园的园林布局设计以及叠山、莳花均出自明代嘉定著名竹刻、盆景艺人朱三松[③]之手。在古猗园的屋前宅后、

---

① 古猗园初由河南通判闵士籍建于明代嘉靖年间（1522—1566年）。后由嘉定竹刻家朱三松精心设计，以“十亩之园”的规模营造。后园归贡生李宜之，之后又归陆、李两姓。清乾隆十一年（1746年），又易主苏州洞庭山人叶锦。叶锦于翌年春起，重葺并拓地增筑幽赏亭等建筑，于次年秋落成，同时改名“古猗园”。乾隆五十三年（1788年），里人劝募捐置州城隍庙，古猗园遂为庙之灵苑。清嘉庆十一年（1806年），又募款修葺。清同治七年（1868年）复修时添丰乐亭。

② “绿竹猗猗”出自《淇奥》，是《诗经》中的一首赞美男子形象的诗歌。瞻彼淇奥，绿竹猗猗。有匪君子，如切如磋，如琢如磨，瑟兮僩兮，赫兮咺兮。有匪君子，终不可谖兮。瞻彼淇奥，绿竹青青。有匪君子，充耳秀莹，会弁如星。瑟兮僩兮。赫兮咺兮，有匪君子，终不可谖兮。瞻彼淇奥，绿竹如箦。有匪君子，如金如锡，如圭如璧。宽兮绰兮，猗重较兮。善戏谑兮，不为虐兮。为先秦时代卫地汉族民歌。此诗共有3章，每章9句。采用借物起兴的手法，每章均以“绿竹”起兴，借绿竹的挺拔、青翠、浓密来赞颂君子的高风亮节，开创了以竹喻人的先河。全诗运用大量的比喻，首章的“如切如磋，如琢如磨”到第三章“如金如锡，如圭如璧”表现了一种变化，一种过程，喻示君子之美在于后天的积学修养，磨砺道德。

③ 朱三松，中国明代竹刻家。名稚徵，号三松，以号行世。生卒年不详，活跃于明末。江苏嘉定（今属上海）人。出身竹刻世家。

石旁路边、临水驳岸以及粉墙边角等处常常点缀三五丛竹，与建筑、道路、假山、花木相映成趣，猗猗翠竹或挺拔端庄，或婀娜多姿，或夹道相拥，体现了园主高雅脱俗的审美趋向和追求悠闲、隐逸的生活情趣。在园东新辟有占地 37 亩的竹园青清园。除明代建园时就有的方竹、紫竹、佛肚竹外，园内还有小琴丝竹、凤尾竹、黄金间碧玉竹等，竹的不同色彩和姿态创造了多种多样的景色。此外，竹与山石、道路、建筑、小溪相结合，突出了以竹造景，使古猗园的园名与园景相统一。梅花厅和盆景园为最佳赏梅点。梅花厅位于古猗园西北角，东临盆景园，北接暗香园，南面鸳鸯湖。梅花厅始建于清乾隆五十四年（1789 年），造型壮观，主厅开阔，长门隔扇。据清代沈元禄《猗园》记载:“栋宇基址皆肖梅花”。门窗、梁檐均有精雕细刻的梅花图案。现在正值梅花盛开，徜徉在梅花厅周围的花石小径上，疏影横斜，暗香浮动，具有一种清丽脱俗的审美情趣。盆景园里的梅花则给人一种清新隽永、古拙奇朴的感觉。当傲骨梅枝遇到典雅的江南园林，红梅绿梅掩映着粉墙黛瓦，到处是一首首诗，一幅幅画，使人如在画中游。

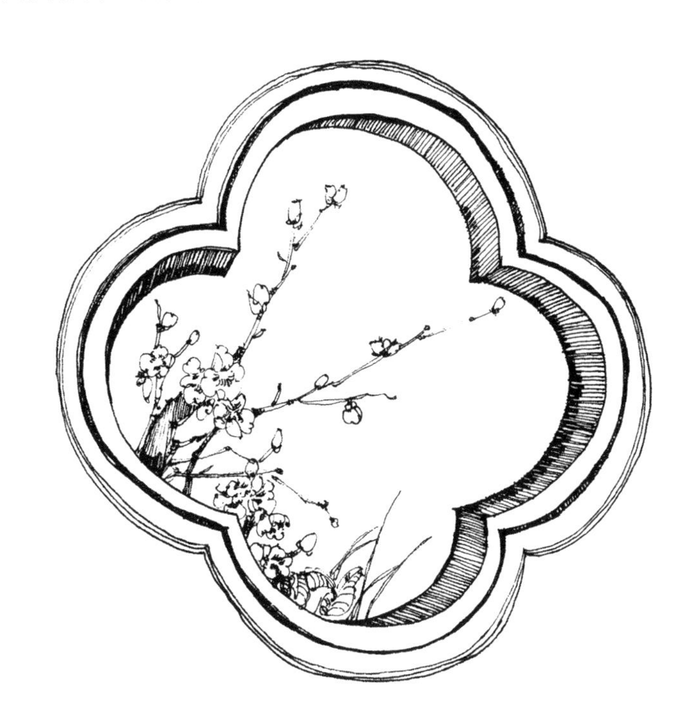

梅花品种繁多，有红梅、白梅、青梅等。白梅体现了冰霜雅韵之意，融入园林随空间变化，暗香幽深却又轻盈。梅花按时节有早梅、老梅、枯梅等，体现不同的意境。早梅表达了独傲寒雪之意、新生之力量。咏老梅的如明李东阳的《涧梅》："地僻沙寒水更清，老梅偏向涧边横。风吹落瓣仍低陨，石压旁枝却倒生。野鹤对人轻欲舞，蹇驴冲雪瘦能行。山翁只在山中老，看尽春光不入城。"老梅更能呈现出其不畏霜雪的孤高伟岸气质，古拙纯真，于平淡之中寓新意、超绝尘，别具情致。咏枯梅的如清吴淇："奇香异色著林端，百十年来忽兴阑。尽把精华收拾去，止留骨格与人看。"枯梅却又体现了一种婉约的内敛之美。故而园林可以依据其所处位置不同，枯梅在白净墙前，老梅伴顽石，随着意境去经营位置与光影。梅花所处位置不同又具有不同之意味。咏山中梅的如唐诗人李群玉："生在幽崖独无主，溪萝涧鸟为俦侣。行人陌上不留情，愁香空谢深山雨。"咏涧底梅的如宋词人朱敦儒："古涧一枝梅，免被园林锁。路远山深不怕寒，似共春相躲。幽思有谁知，托契都难可。独自风流独自香，明月来寻我。"咏水中梅的如元谢宗可的《水中梅影》："澄澄寒碧映冰条，云母屏开见阿娇。春色一枝流不去，雪痕千点浸难消。临风倚槛云鬟湿，带月凌波玉佩摇。最是黄昏堪画处，横斜清浅傍溪桥"咏月下梅的如宋林逋的《山园小梅》："众芳摇落独暄妍，占尽风情向小园。疏影横斜水清浅，暗香浮动月黄昏。霜禽欲下先偷眼，粉蝶如知合断魂。幸有微吟可相狎，不须檀板共金樽。"咏画中梅的如元王冕的《墨梅》："我家洗砚池头树，个个花开淡墨痕。不要人夸好颜色，只留清气满乾坤。"咏雪中梅的如南朝阴铿的《雪里梅花》："春近寒虽转，梅舒雪尚飘。从风还共落，照日不俱销。叶开随足影，花多助重条。今来渐异昨，向晚判胜朝。"山中梅、涧底梅、水中梅、画中梅、雪中梅，真可谓千姿百态，月下暗香、溪水暗香、雪中暗香、画中暗香，这香融入空间艺术之中，该有多么美妙！

梅花还具有孤美、幽深、高远之意味，故在中国文学和中国园林之中梅花的形象与主观情感已经合而为一，物我为一、浑融一体。梅花是诗人主观情感的外化、物化，诗人则是梅花的精神、灵魂。了解一物，培养自己的灵性及智慧，融会贯通才可以将所思所得融于设计，然后通过经营位置而达到天人合一。其实本书的目的不在于说教而在于启发，心灵清澈了，知识丰富了，这样做设计就能游刃有余。了解梅花，感悟梅花，体会梅花的诗情画意以及那份久远的暗香，中国园林艺术就具有了更深远的意义。那缕暗香，观者在天寂之中独自品尝。

上海古猗园

四、冷香飞去

冷香

“翠叶吹凉，玉容消酒，更洒菰蒲雨。嫣然摇动，冷香飞上诗句。”（宋·姜夔《念奴娇·闹红一舸》）

菰雨生凉，残荷枯藤。冷与热相对，中国艺术种种高逸的灵魂具有巨大的穿透力，打动人心需要不同流俗的性灵。在园林中有冷香逸韵，才具有妙意。

“闹红一舸，记来时，尝与鸳鸯为侣，三十六陂人未到，水佩风裳无数。翠叶吹凉，玉容消酒，更洒菰蒲雨。嫣然摇动，冷香飞上诗句。日暮，青盖亭亭，情人不见，争忍凌波去？只恐舞衣寒易落，愁人西风南浦。高柳垂阴，老鱼吹浪，留我花间住。田田多少，几回沙际归路。”姜夔以清空骚雅的词笔，把荷塘景色描绘得十分真切生动。隐隐一位荷花化身清馨幽逸的美人，她“玉容消酒”，像荷花般的红晕；她“嫣然”微笑，像花朵盛开。荷花生长水中，她便似凌波仙子；荷香清幽，她又是美人“冷香”。花如美人，美人如花，恍惚迷离，具有朦胧之美，惹得多少后人相思。

同里退思园，取姜白石之意建造。我那年在盛夏某日下午去逛，人很多，立于菰雨生凉轩，人影攒动，炎热无雨。闹红一舸很喧嚣，却不见生凉。登楼观树，日影渐长，日落临近，大雨忽至，众人离去。雨后凉风，廊后拂枝，空凌碧波，我心鹊喜，欢喜凭栏。池底鱼儿浮游，涟漪点点，似有灵，似有知，伴雨游逸，凉风袭人，独叹苍天有眼得遇菰雨生凉。雨尽终散，老者请走，流连忘返，此时只羡池鱼，白石有灵也。

说起凉，不由想起苏轼词《鹧鸪天》：“林断山明竹隐墙，乱蝉衰草小池塘。翻空白鸟时时见，照水红蕖细细香。村舍外，古城旁，杖藜徐步转斜阳。殷勤昨夜三更雨，又得浮生一日凉。”“又得浮生一日凉”，是词中最突出的一句。“浮生”，飘忽不定的人生，是一种消极的人生。《庄子•刻意》说：“其生若浮，其死若休。”苏轼受庄子思想的影响。很多人都希望自己的一生是红红火火的，热热闹闹的，而苏轼却偏偏喜欢“凉”，“又”字更将这种痛苦中的快乐变为一生见怪不怪的部分。于人生低处塞蝉衰草中体味红蕖细香、看斜阳细雨，用一颗心去赏玩绝处逢生，于极消极处积极看，消极到极点竟然是自我的开始。故心之冷能体味真味。读古人，赏园林，浮生一日凉，可休、可品、可静，让内心慢慢在凉中变得温热。

退思园闹红一舸与菰雨生凉就是楚辞之中的两个方向，一个热烈，一个现实冷酷。“蝉蜕岁浊之中，浮旋尘埃之外。”一个热烈现实的挣扎，一个高寒理想的期待。楚辞之中有着强烈的自我解放意识，一面困顿笼中嘶鸣一面云雀高天轻飞。梁启超说这是极高寒的理想与及热烈的感情。那天于此处与人群一起热烈，于雨中独赏现实之冷酷。

那么就带着这份热烈和冷酷去逛一逛菰雨生凉吧。清光绪年间内阁学士任兰生感怀姜夔之不仕，致仕回乡，花十万两银子建造宅园，取名退思。“题取退思期补过，平泉草木漫同看”，园名取《左传》“进思尽忠，退思补过”之意。而退思园中有闹红一舸亦有菰雨生凉，体现了古之“冷”境。

退思园位于江苏省苏州市吴江区同里镇，退思园的设计者袁龙，字东篱，诗文书画皆通。他根据江南水乡特点，因地制宜，精巧构思，历时两年建成此园。园占地仅九亩八分，既简朴无华，又素净淡雅，具晚清江南园林建筑风格。退思园布局独特，亭、台、楼、阁、廊、坊、桥、榭、厅、堂、房、轩，一应俱全，并以池为中心，诸建筑如浮水上。格局紧凑自然，结合植物配置，点缀四时景色，给人以清新、幽静、明朗之感。退思园因地形所限，更因园主不愿露富，建筑格局突破常规，改纵向为横向，自西向东，西为宅，中为庭，东为园。宅分外宅、内宅，外宅有轿厅、花厅、正厅三进。轿厅、花厅为一般宾客停轿所用，遇婚嫁喜事、祭祖典礼或贵宾来临之时，则开正厅，以示隆重。1986 年，美国纽约市在该市斯坦顿岛植物园内，以退思园为蓝本，建造了一座面积 3850 平方英尺的中式庭园，取名“退思庄”。

（一）退思园空间布局

退思园平面布局是中心一池，其中退思草堂、闹红一舸、菰雨生凉形成三角构图关系。三角关系构图自古便有，西方文艺复兴大师米开朗基罗设计的美第奇墓室以及拉斐尔的《圣母与圣子》还有达·芬奇的《岩间圣母》都是三角形构图。虽然用地不大，进退关系明确，主次得当，三角形构图比较适宜。从建筑四合院中厅轴线到花园区，通过一个亭，成为一条建筑到庭院的轴线。中国的廊有敞廊，四周空透，比如拙政园内的游廊和颐和园万寿山下的画廊；有复廊，中间是墙，墙两侧的廊道通过中间的花窗可见，比如沧浪亭的外部廊道以及拙政园东部与中部的分割廊；有单廊，有墙单走道，墙有花窗可看见外部景观。退思园的廊由敞廊及单廊组成，形成步移景异的观看效果。其中菰雨生凉与闹红一舸对景，一冷一闹，营造景观的幽深却又不至于太过冷清，设置水中一舸，其造景之意颇深。

苏州同里退思园　亭

（二）退思园的景观序列

揽胜阁是一座不规则五角形楼阁，与坐春望月楼相通。此阁设计因地制宜，居高临下，可一览东园佳境。女眷足不出户就可饱览园中景色。与坐春望月楼相对的有迎宾室、岁寒居，园主当年曾于此以文会友，陶冶性情。岁寒居宜于冬日赏景，风雪之时，三五好友围炉品茗，透过居室花窗，可见潇洒清幽的蜡梅，挺拔坚毅的苍松，清骨神秀的翠竹，天成一幅“岁寒三友图”，冷香之意飘然而至。雪压青松之景，翠竹敲窗之音，围炉品茗之乐——中国园林与文人之乐趣浑然一体。

岁寒居正对退闲小筑与云烟锁钥月洞门，引游人从其入东园赏景。“退闲小筑”四字为同里书画家徐穆如所题，月洞门上“云烟锁钥”虽已模糊，月洞门内却别有一番天地。由曲廊往南是闹红一舸。石舸突兀池中，风吹不动，浪打不摇，人站船头，潇洒江湖。湖石托出舸，凌波微露，清风徐徐，荷叶摇曳，菰蒲低语。通过花窗，可远观退思草堂。退思草堂古朴素雅，稳重气派。堂之北点缀建筑小品，堂之南的露台面临荷池，站立露台可环顾全园。曲径随水而行，轩内阴湿凉爽。从菰雨生凉轩穿过假山洞，沿石级盘旋而上，便来到堪称江南园林一绝的天桥，视界豁然开朗。

苏州同里退思园 菰雨生凉

“人行空翠中，秋闻十里香”

天桥，古代秦始皇于上林苑建复道，上为桥，下为廊，飞越山巅。天桥连接菰雨生凉轩，与辛台连为一体。天桥前后通透，坐高望下，风雨穿廊，纳凉避暑，神清气爽。秋日桂花，金桂银桂香气飘来，空翠之中，犹如云中漫步，冷香自水面飘然而来，自在优哉。

闹红一舸代表了热闹热烈的现实挣扎，菰雨生凉代表了现实的冷酷及高寒的理想期待，这是一种境界，在现实的挣扎中作性灵的飘飞。这是全园最为精彩之处。

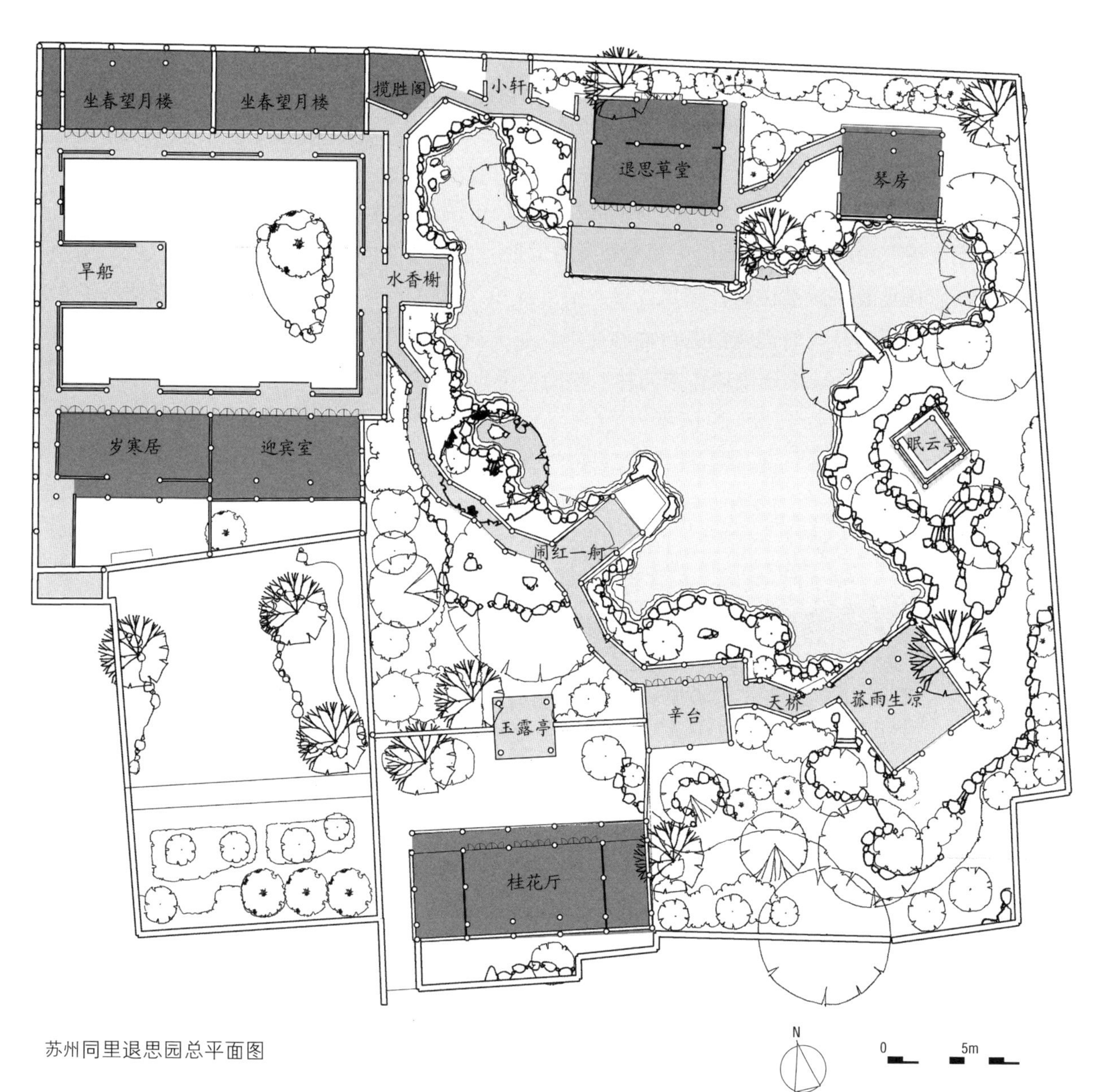

苏州同里退思园总平面图

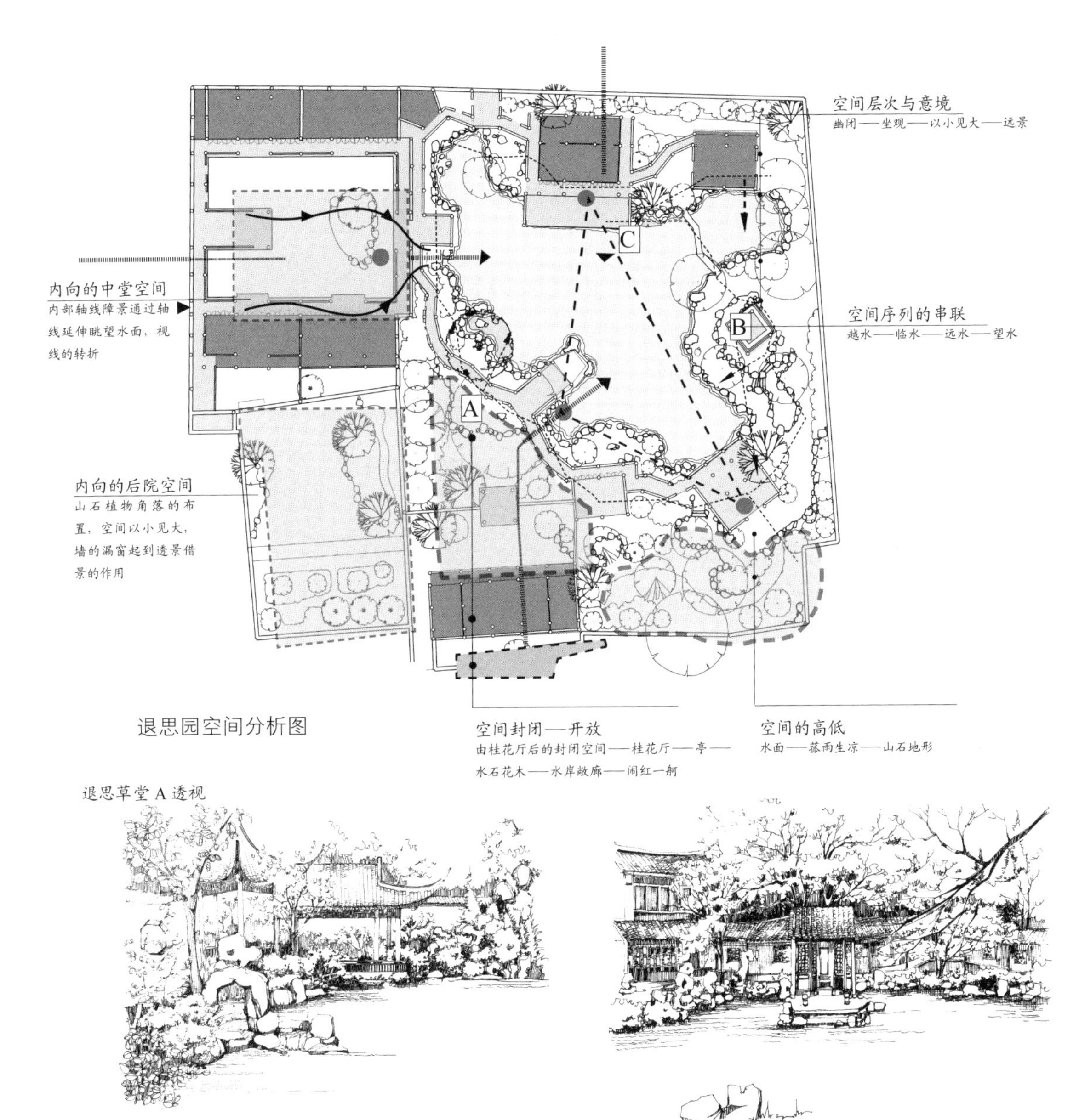

退思园空间分析图

退思草堂A透视

菰雨生凉B透视

菰雨生凉C透视

苏州退思园　西部立面图

苏州退思园　北部立面图

苏州退思园

（三）草堂内涵

在中国园林发展史中，将一个园林或一处建筑命名为“草堂”的做法由来已久。年代较早且比较有名的是杜甫在成都所建的杜甫草堂，白居易在庐山所建的庐山草堂。杜甫在成都建造草堂时，处境相当贫困，是真正用茅草作为屋顶建造的草堂。杜甫草堂四周的修竹营造了一分朴实的自然风貌。白居易在庐山北麓香炉峰下建草堂隐居，并亲身参与了草堂的选址、设计和营建。庐山草堂是白居易掌管修建的各处私园中感情投入最多的一处，有《庐山草堂记》记之。其中有十景：洗耳飞泉、清泉绕舍、方塘幽趣、石涧长松、日晒红纱、药圃茶园、山僧清影、东岩吟诗、拨帘看雪、三然书堂。

一景为“洗耳飞泉”。“何以洗我耳？屋头落飞泉。何以净我眼？砌下生白莲。”唐时隐逸成为风尚，许多文人造园隐居。此景表达白居易双耳听飞泉，双眼见白莲，暗语不闻朝中之事，身轻心闲。

二景为“清泉绕舍”。“三间茅舍向山开，一带山泉绕舍回。山色泉声莫惆怅，三年官满却归来。”表达了泉水有情，诗人寄情山水，回归自然忘却尘世，心在山水之意。

三景为“方塘幽趣”。白诗云“淙淙三峡水，浩浩万顷波；未如新塘上，微风动涟漪。”白居易在该诗题记中说：“草堂前新开一池，养鱼种荷，日有幽趣。”该池承绕舍之水，完成了草堂水景系统，与一、二景共同组成了白居易庐山草堂山水园林的骨架。此景为静景，更显其幽。

四景为“石涧长松”。“南抵石涧，夹涧有古松老杉，大近十人围，高不知几百尺。修柯戛云，低枝拂潭，如幢竖，如盖张，如龙蛇走。”一条小溪去草堂西南仅百米，落差大处，白居易名曰“石涧”，今人称为“桃花溪”。魏晋以来，文人诗画多用林木花卉比喻君子之德。白居易珍爱松树，曾亲自栽种。松树的虬枝古干，出于石涧而坚贞挺拔。

五景为“日晒红纱”。《山枇杷》云：“深山老去惜年华，况对东溪野枇杷。火树风来翻绛艳，琼树日出晒红纱。回看桃李都无色，映得芙蓉不是花。争奈结根深石底，无因移得到人家。”此景出自草堂东面的山枇杷林。琼树[①]此处指仙树，此诗借日晒红纱之景表达一种对山林的眷顾之情。

---

① 琼树：a，仙树名。《汉书·司马相如传下》：“咀噍芝英兮叽琼华”。颜师古注引三国·魏·张揖曰：“琼树生昆仑西流沙滨，大三百围，高万仞。”唐·曹唐《小游仙诗》之七五：“琼树扶疏压瑞烟，玉皇朝客满花前。”b，形容白雪覆盖的树。南朝·宋·谢惠连《雪赋》：“庭列瑶阶，林挺琼树。”唐·李商隐《对雪》诗之二：“已随江令夸琼树，又入卢家妬玉堂。”c，树木的美称。唐·许稷《赋得风动万年枝》诗：“琼树春偏早，光飞处处宜。晓浮三殿日，暗度万年枝。”d，喻品格高洁的人。语本《晋书·王戎传》：“王衍神姿高彻，如瑶林琼树。”唐·杜甫《寄刘峡州伯华使君》诗：“伏枕思琼树，临轩对玉绳。”宋·苏轼《次韵赵令铄》：“故人年少真琼树，落笔风生战堵墙。”清·唐孙华《次和酬恺功院长见怀一百韵》：“瑶华烦远寄，琼树最相思。”

六景为“药圃茶园”。东壁云：“长松树下小溪头，斑鹿胎巾白布裘。药圃茶园为产业，野麋林鹤是交游。”草堂往西南里许，有平地数顷，今为茶园，白诗中“药圃茶园”当属此处。此时白居易虽有官俸养身，然而宦海凶险沉浮无定，白居易拓荒或购买这块地留作产业，为“终老于斯”做好了物质准备。

七景为“山僧清影”。《与微之书》中道：“封题之时，不觉欲曙，举头但见山僧一两人，或坐或睡；又闻山猿谷鸟，哀鸣啾啾。”白居易一生与佛教渊源颇深，庐山草堂的选址与山北佛寺的分布有着密切的关联。草堂紧邻遗爱寺，东西林寺亦举目可望。草堂南门铺白石为出入道，与数百米之外的慧远路相接。慧远路相传为慧远大师修建，是东林寺通往庐山山顶大林寺最近的通道，当年僧俗来往频繁。此景画意高致，可入妙品，体现出白居易草堂选址自然环境与人文环境并重的思想。

八景为“东岩吟诗”。白诗《山中独吟》云：“自为江上客，半载山中住。有时新诗成，独上东岩路。身倚白石崖，手攀青桂树。狂吟惊林壑，猿鸟皆窥觑。恐为世所嗤，故就无人处。”草堂往东，山势起伏增大，崖壑间岩路通幽，人迹少至，白居易时常到此吟咏新诗。

九景为“拨帘看雪”。苍茫一片，拨帘看雪，雪中空寂，此时无声胜有声，静听心的声音。

十景为“三然书堂”。“堂中设木榻四，素屏二，漆琴一张，儒、道、佛书各三两卷。”“木斫而已不加丹，墙圬而已不加白。”素朴简约之美。书堂是白居易读书的地方，布局陈设蕴清含素，崇尚简朴的文人情怀。白居易《草堂记》：“乐天既来为主，仰观山，俯听泉，傍睨竹树云石，自辰及酉，应接不暇。俄而物诱气随，外适内和。一宿体宁，再宿心恬，三宿后颓然嗒然，不知其然而然。”仔细阅读草堂十景，从辗转反侧到石涧长松、日晒红纱、山僧清影、东岩吟诗、拨帘看雪，其实写的是白居易的内心过程，借景明志，抛开世间的功利回到这个观照自身的草堂之中，去修行，去保持一颗素白自然的状态，风雨雪月中去静观自身，存一个信念与诗、书、画意。“庐山草堂”用草堂之意表达园主一份放逐和归于自然之意。

故而草堂成为中国文人内心的一个向往，与世无争的自我放逐。草堂成为园林之中的精神内力与重点，如果设计一草堂，空间简练舒朗，留白，必有仰望低语之空间，由暗转明去往幽深之所。

（四）堂之空间分析

中国园林之中堂处于整个布局的各个轴线的汇聚点，可以统摄南北西东，观看四方，比如拙政园的远香堂、谐趣园的涵远堂以及网师园的看松读画轩等。现将这几种堂加以对比，可见堂在尺度空间上的变化。退思草堂居于退思园北岸中心，四周亭廊环绕，空间有限，故而将纳四周之气的堂放于构图之中心，与东西之亭和闹红一舸形成对望，对于较小内向的园林则重点突出，舒朗有致。拙政园远香堂居于中部水岸南岸，与北部雪香云蔚亭及东部绣绮亭以及南边的假石山形成高低关系，对于一个狭长带状的用地，将空间的进深依次串联，增加了空间的层次，也通过空间的串联凸显远香堂之坐观四面之态。网师园池塘北边的“看松读画轩”，通过前小丘与高树遮挡具有退避的意味，“竹外一枝轩”低矮加以陪衬看松读画轩。谐趣园之涵远堂却又处于整个构图的中部，平衡中部建筑空间。可详见第七章。故中国古典园林之中的堂，可以有明显的轴线关系，也可以有隐含的轴线关系。为了凸显堂之达观，四周建筑疏密有致，主次得当，空间序列具有变化，其与水面的进退关系都有细致入微的考量。堂的位置经营布局依其园林的意境，形成全园的中心，近水、远水或临水均有讲究。其空间引导序列曲折多变，如同宋词一般虚虚实实，隔之又隔，或敞或敛，由格调定音。

（五）冷香飞去

朱良志说：冷香忧伤，是灵魂的自珍，也是清净世界的表白，给我们的艺术带来了冰痕雪影的美，是一种深长的生命叹息。

香中有冷，冷中孕香，可谓冷香之渊源。楚辞的“自怜”就是“自爱”，庄子追求性灵的独立高洁。探寻“冷”之意，便是对洁净精神的珍爱。李商隐《木兰花》:“洞庭波冷晓侵寒，日日征帆送远人。几度木兰舟上望，不知元是此花身。”摇着一叶小舟，日日在凄冷的洞庭湖上去追求理想的木兰花。然而小舟就是木兰，自己就在这木兰舟内。这首诗表达了楚辞中清香冷意的精神世界。而一小院无湖无舟，其冷清高洁如何？

网师园殿春簃为独立小院，其中有一个冷泉亭。殿春簃主体建筑将小院分为南北两个空间，北部为一大一小宾主相从的书房，实中有虚，藏中有露，屋后另有一天井，芭蕉翠竹漏窗可见，蕉石丝竹雅趣横生。南部院落，倚墙山石、涵碧清泉、半亭冷泉，简洁利落。南北两部形成空间大小、明暗、虚实的对比。院内的花街铺地与中部主园的浩渺深水形成水陆对比，一是以水点石，二是以石点水，使网师园处处有水可依，特别是用卵石组成的渔网图案使人与渔夫联想，与该园“渔隐”主题一致。网师园中的冷泉亭位于殿春簃小院西，坐西向东，系开敞式方形半亭，南北坐槛上设吴王靠。殿春簃小院布局结构紧密，假山的起始是一脚矮脉，自院西北生起，继而渐渐拔高，构半亭于山腰中，额题“冷泉亭”三字。亭依墙而起，面阔 3 米，进深 2 米，为攒尖顶半亭。亭顶线条柔和，亭前翘角高扬飘逸，亭后云墙错落有致。站在亭中俯瞰山石之下，可见一涵碧清泉水。中国艺术有意思，一泓小池比拟世间大湖。如果说李商隐是驾舟自怜自爱，那么此处便是俯瞰低吟自怜自爱。半亭又有何意义，比完整的亭子少见，但是在苏州古典园林中冷泉亭作为半亭并非孤例。在苏州的南北“半园”中，既有半亭，还有半廊，半榭，半舫等。但是按一般半亭所采用的形式来说，半亭，是中国哲学的“半”字哲学。

“话不可说尽，事不可做尽，莫扯满篷风，常留转身地，弓太满则折，月太满则亏。”“人世间境遇何常？进一步想，终无尽时，退一步想，自有余乐。”这种人生经验，即所谓“凡事当留有余地。”这是人生的一种策略，一种处世方式，一种生存智慧。李密庵的《半字歌》说：“看破浮生过半，半字受用无边；半中岁月尽幽闲，半里乾坤开展；半郭半乡村舍，半山半水田园；半耕半读半经廛，半士半民姻眷；半雅半粗器具，半华半实庭轩；衾裳半素半轻鲜，肴馔半丰半俭；童仆半能半拙；妻儿半朴半贤；心情半佛半神仙，姓字半藏半显。一半还之天地，让将一半人间；半思后代与沧田，半想阎罗怎见。饮酒半酣正好，花看半时偏妍；半帆张扇免翻颠，马放半缰稳便；半少却饶滋味，半多反厌纠缠；百年苦乐半相参，会占便宜只半。”林语堂先生说半是最优越的哲学，因为这种哲学是最近人情的。林语堂主张“半半哲学”的人生，这可以说是他最为向往的生活了。这从传统文化的层面说，林语堂的“半半哲学”，实则是调和了儒家哲学和道家哲学的一种中庸生活。选择一个合适的态度，或者行为方式——以这样一个“半”的角度、方式——切入生活。故殿春簃中冷泉亭细看却又有一番滋味。1980 年，仿照“殿春簃”而建的“明轩”落户美国，亮相于纽约大都会博物馆。其虽小而精致，山石庭院泉水的融合恰到好处。

我良久伫立于殿春簃，看着涵碧泉中鱼儿隐匿在石头下。我的人生刚好走了一半，将一半还给了天地，过去的一半之中带走我的最爱。半亭中看竹，内心一半茫然一半希冀，回味四十年风雨，下半生开始半日画画，半日闲游，不亦乐乎！

殿春簃与冷泉亭

苏州网师园 冷泉亭

五、天香袭来

天香

“云想衣裳花想容，春风拂槛露华浓。”

每个人都自带香气，如同园林一般。发现自身的真实，闻香识人，闻香识园。

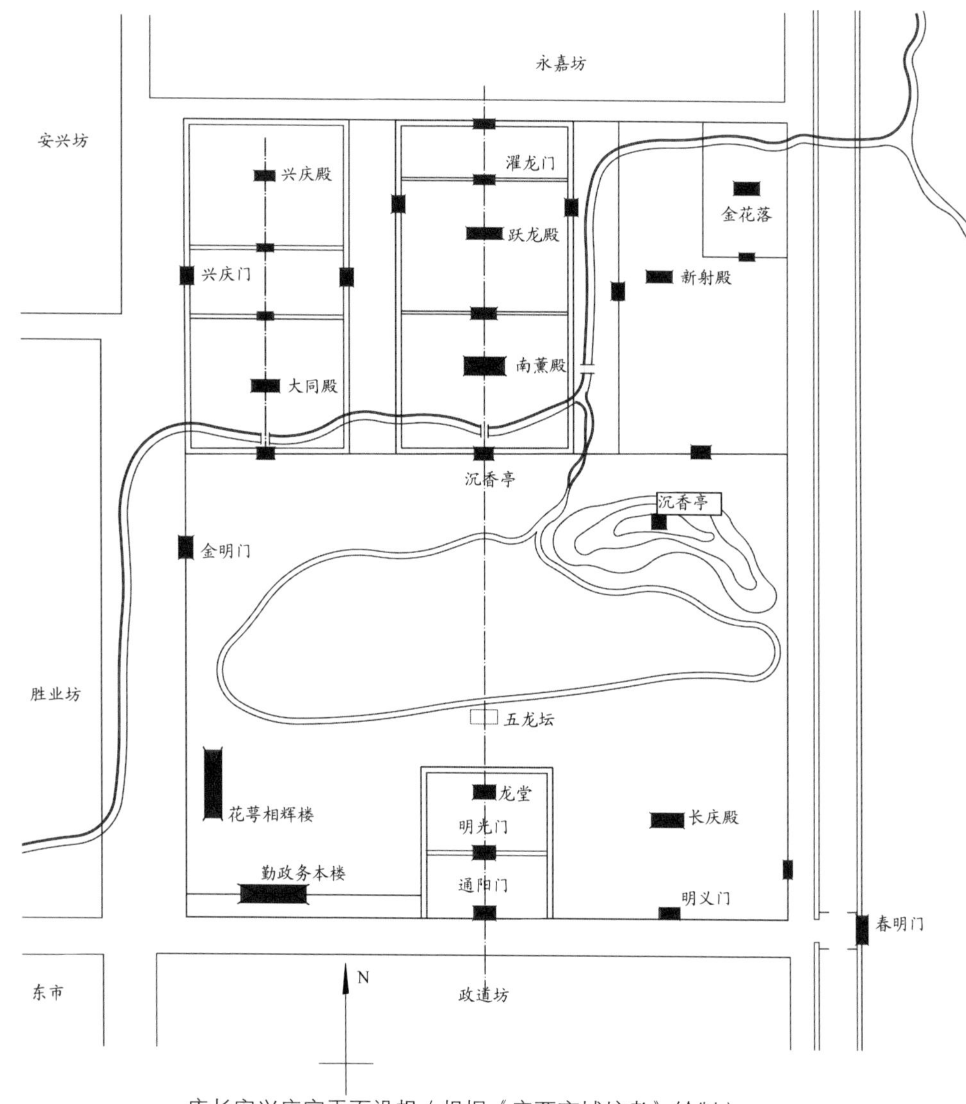

唐长安兴庆宫平面设想（根据《唐两京城坊考》绘制）

“云想衣裳花想容，春风拂槛露华浓。若非群玉山头见，会向瑶台月下逢。”“一枝红艳露凝香，云雨巫山枉断肠。借问汉宫谁得似，可怜飞燕倚新妆。”“名花倾国两相欢，长得君王带笑看。解释春风无限恨，沉香亭北倚栏杆。”

——李白《清平调三首》

李白在兴庆宫沉香亭，醉酒四日写下天香之诗句。谪仙人为什么要花去四天时间在沉香亭写下此诗呢？

据说在唐玄宗开元年间，宫中曾经在兴庆池东面的沉香亭畔，栽种了不少名贵的牡丹，到了花开时节，紫红，浅红，全白，各色相间，煞是好看。一日，唐玄宗骑着心爱的照夜白马，杨太真，即杨贵妃则乘了一乘小轿，一同前来赏花，同时带着当时宫中最著名的乐师，即大名鼎鼎的李龟年。李龟年看到皇帝与杨玉环兴趣盎然地在赏花，便令他那班梨园弟子拿出乐器，准备奏乐起舞为皇上与贵妃助兴，唐玄宗却说道：“赏名花，对爱妃，哪能还老听这些陈词旧曲呢？”于是急召翰林学士李白进宫，李白进得宫来，在沉香亭醉酒四日，于金花笺上写了三首《清平调》。

第一首："云想衣裳花想容，春风拂槛露华浓。若非群玉山头见，会向瑶台月下逢。"首句一个"想"字，写丽人容颜娇艳，就连云儿也恋其容，想着为丽人作云裳；就连花儿也想着为丽人容颜增色。诗人的想象意出诗外，颇有谪仙人的夸张之风。"玉山""瑶台""月下"这些都是天上的仙境，而在这些词形容下的杨贵妃，肯定也是只有在天上才能见到的吧。次句写沉香亭中与玄宗并坐的杨贵妃，晨睡方醒后，容颜娇媚清新，一如沉香亭栏杆之外盛开的牡丹，显牡丹花容娇媚出尘。"露华浓"写花之美艳脱俗，以虚写实，"春风拂槛"暗写杨贵妃承蒙君王恩泽雨露，笔意含蓄。"若非群玉山头见，会向瑶台月下逢。""玉山、瑶台"均是西王母的宫殿所在，以此借代天神仙界，写杨贵妃的容颜一如仙境女子的容颜，娇媚脱俗。"玉山、瑶台、月色"这些意象的着色一例是纯净素雅，似乎以此暗示杨贵妃素雅的气质，如玉的面容，有如仙女降临人间，令人向往深远。

第二首："一枝红艳露凝香，云雨巫山枉断肠。借问汉宫谁得似，可怜飞燕倚新妆。"这首以巫山神女与赵飞燕侧面烘托杨贵妃的美貌。首句通过写天然的色与香，来写杨贵妃的天然国色；后两句从史实借用汉宫赵飞燕对比，绝代的飞燕还需要依靠新妆来获取宠爱，而杨贵妃靠的是天然的素颜。采用巫山神女与汉宫飞燕二则典故，都意在渲染杨贵妃倾国倾城的美艳。

第三首："名花倾国两相欢，长得君王带笑看。解释春风无限恨，沉香亭北倚栏杆。"将花与人合二为一，"名花"指牡丹，"倾国"指杨贵妃，"君王"指唐明皇，"两相欢"与"带笑看"将三者统一起来。"解释"意味消除，"春风"指代君王，好似春风原有无限的惆怅，而今动人的牡丹与美艳的佳人都消除了春风的无限恨。末句点名地点，沉香木造就的亭子里倚靠个贵妃与君王，而栏杆外则是随风摇曳的牡丹，景美人更美，与首句"名花倾国两相欢"遥相呼应。

李白的《清平调三首》字字华丽美艳，衬托出景美人更美，将花与人相提并论，杨贵妃成了牡丹的化身，貌美可做"牡丹仙子"，花美即人美。三首词从三个角度来写，第一首只写人美，第二首写花美，第三首合二为一，中间夹着神话传说与历史典故，将杨贵妃的貌美从人间上升至天上，可谓绝世之姿。无怪乎世人评价这《清平调三首》脍炙千古。故而天香多美好的诗与故事。词中兴庆宫沉香亭可见其中。兴庆宫的建筑情况，《唐六典》如此记载：

"宫之西曰兴庆门，其内曰兴庆殿；次南曰金明门，门内之北越大同门，其内曰大同殿。宫之南曰通阳门，北入光明门，其内曰龙堂；通阳之西曰花萼楼，楼西曰明义门，其内曰长庆殿。宫之北曰跃龙门，其内左曰芳苑门，右曰丽苑门；南走龙池曰瀛洲门，内曰南薰殿；瀛洲之左曰仙云门，北曰新射殿。"据此可知，兴庆宫内有东中西三路跨院，中路正殿为南薰殿；西路正殿为兴庆殿，后殿供奉老子像；东路有偏殿“新射殿”和“金花落”。在园林中有一池，池面积约为1.8公顷，池中种植荷花、菱角及各类水生植物，南岸细草软沙，池西南有“花萼相辉楼”“勤政务本楼”。这两座殿宇是唐玄宗接见外国使臣、策试举人及举行各种仪典、娱乐活动的地方。其中“花萼相辉”来源于《诗经》中:“常（棠）棣之华（花），鄂（萼）不（胚）韡韡（weiwei，光明，光亮）。凡今之人，莫如兄弟。”萼，花托，花朵最外面一圈绿色小片。这里的意思是说棠棣花，花覆萼，萼承花，兄弟之间的情谊，就如同这花与萼一样，相互辉映。“花萼相辉楼”的楼名，很好地象征了兄弟之间的手足之情。李宪辞让皇位的行为确实具有高士的德行，他死后，玄宗大恸，追谥李宪为“让皇帝”，号其墓为“惠陵”。“花萼相辉楼”在层次上达到了历史的新高，类似于今天的城市地标性建筑。资料记载和遗址考古发现都证明，当时唐代的宫廷建筑，很大部分都是单层宫殿结构，所有的楼宇也都是两层，而花萼相辉楼的层数达到了三层。据窦培德、罗宏才先生研究，整个建筑总高120唐尺，折合今天约35.3米，这在当时的技术条件下是十分罕见的。从层高上来讲，当时能超过花萼相辉楼的只有唐塔。花萼相辉楼的地理位置反映出统治者的亲民意识。花萼相辉楼和紧邻的勤政务本楼一起，位于兴庆宫的西南角，紧邻墙外的市民巷街，在最近的距离上，实现了和市民的无障碍接触。当年许多庆祝活动都是在楼下街上进行。上元时节，玄宗登花萼相辉楼观赏花灯并酬答民众的欢呼，百姓聚观楼下，欢声如雷。可想当时唐玄宗居于角楼可以与百姓同乐多热闹，后由于唐玄宗被迫退位，移居到最为偏僻冷寂的太极宫，从此郁郁寡欢而突发疾病去世。大唐之天香，花萼相辉毁了，美人去了，千年之后是李白的《清平调》历久弥新，最为传神。

天香的另外一个意思是指人生命之中的香气。每个人都有其香气。“听香”，听自然之香，听园林之香，发现自我心灵的真实，培养自己的生命信心从而散发生命的香气。古希腊哲学家柏拉图说：我们一直在寻找，那是我们身上早已具备的；我们一直在东张西望，却漏掉自己真正想要的东西，这就是我们难以满足的真正原因。一个在俗世中的人，需要“信念”“信心”对自己清洁本质的承认，从容不迫地生活。杨绛曾经说过：“专心做自己喜欢做的事，因为人生最曼妙的风景，是内心的淡定与从容。”这样淡雅的香气便是一种自我的天香。

第二章　听　雨

——时空变化的意趣

“雨打芭蕉叶带愁，心同新月向人羞。馨兰意望香嗟短，迷雾遥看梦也留。行远孤帆飘万里，身临乱世怅千秋。曾经护花惜春季，一片痴情付水流。”

——王维《七律·无题》

听雨物哀，中国哲学中哀我，哀人生，哀天地，哀万物，自怜中传达的是对宇宙的沉思。园林之中的芭蕉、残荷、烟雨楼台、空翠给楚辞一个现实的场景。在雨中去聆听生命之声，无可奈何的美。在无可奈何之中，默默耕耘心田。

一、雨落芭蕉

“窗前谁种芭蕉树？荫满中庭，叶叶心心，舒卷有余情。”（李清照）

白墙芭蕉池石，三两片枯叶，窗前叶影，中国园林独有的趣味，怡然自得之中岁月静好。雨落芭蕉，对时光的流逝而产生的无可奈何，将无可奈何化为一首诗，一幅画。

雨落芭蕉，在现实中去感受当下之美，此刻即永恒，让自己随着此刻雨滴落在芭蕉上的音乐而感受着无可奈何。

（一）听雨评弹

2014年冬到苏州拙政园听雨轩。听雨轩窗外有几株芭蕉，正值冬日，由于大雪过后初开门，茶室里一片明媚，轩外冷寂。听雨轩建筑有四周落地门扇，上有玻璃花窗，在三面墙外有贯穿一小空间，正好屋檐的雨滴滑落至地上的浅水渠，这是文徵明为听雨而设。进得室内，环顾前有一台，两把太师椅。一男着长裳，一女着旗袍，自带古逸。原来是苏州评弹传人。由于在外面走的时间很长，靴子湿尽都是冰雪。一女子笑意盈盈满满倒茶，小叶子很好奇地看着一长者包茶叶。我刚落座，桌上便有热茶一盏，热气腾腾化去寒意。冰手浮握着玻璃杯暖意自来。本人来自边陲之地，就让评弹二人随意自唱，于是唱了经典曲目《茉莉花》。二人端坐于台上，轩内立觉明亮，三两声拨弦，委婉清淡，声声呼应，曲声漫漫，轻捻细拢，唱声细滑，三弦琵琶此起彼落，观之犹如一幅画，令人眼神默然，神思飘出。雨滴滑落，里外两个世界。忽而曲终，琴弦一滑而定，意犹未尽。真美真好。听雨轩是一个可以有味赏玩的去处。特画听雨轩外芭蕉作纪念。

我个人很喜欢芭蕉，每逢看见芭蕉必前后左右观之。芭蕉广泛运用在园林中，或三两株种于窗前，或一丛群植于角落，或石边，或水岸边，叶大而美，就像李清照所写卷舒有余情。李煜词曰："秋风多，雨相和，帘外芭蕉三两窠，夜长人奈何。"夜长人未眠，芭蕉影绰绰，秋风抚蕉叶，无可奈何时光，无可奈何尘事，而性灵就在这样的无可奈何之中自省沉思。

听雨轩位于拙政园的海棠春坞南侧，从空间布局看，与周围建筑曲廊相接。轩前一泓清水，轩后种植芭蕉，前后相映。景致主要为静观，于轩内环顾四周，门窗隔景，隔窗望景。我曾设计过一售楼部，便用此空间方式。静观四周密闭小院，有一种向内观照之意思。苏州沧浪亭有一亭，上写"未知明年在何处，不可一日无此君"。园林中芭蕉就是不可缺少之物。我们无法把握未来，那么就应该珍惜当下之人生盛宴。此对联在无可奈何之后便是刹那间对当下的永恒的思考。禅家说"万古长空，一朝风月"。瞬间的永恒是禅宗的秘密也是中国艺术的秘密，瞬间便是永恒，当下即是全部。"流光容易把人抛，红了樱桃，绿了芭蕉。"时间流逝，亘古如斯。沈周在他的画上题"荣枯过眼无根蒂，戏写庭前一树蕉"。与其关心外在的流动消逝，不如关心恒常如斯的内在事实。"楼上黄昏欲望休，玉梯横绝月中钩。芭蕉不展丁香结，同向春风各自愁。”李商隐的芭蕉不展，丁香凝结，两种植物的两种形态，却共同指向了一种情绪——愁。古人善哀物：“一声声，一更更。窗外芭蕉窗里灯，此时无限情。梦难成，恨难平。不道愁人不喜听，空阶滴到明。”宋万俟咏窗外的芭蕉和窗内的孤灯，相互映衬。此情此景，情无限，愁无尽。“芭蕉叶叶为多情，一叶才舒一叶生。自是相思抽不尽，却教风雨怨秋声。”郑板桥说芭蕉一叶才舒，一叶又生，生生不息，相思无尽，叶叶多情。

窗前芭蕉卷舒，在一个自由的世界里自在生长。以自然之态画之，以自然之耳听之，以自然之眼凝之，须臾之间画五幅，快哉，乐哉。

中国园林在造园的宗旨上基本上是以中国哲学美学为根本的内涵，而至于采取什么样的手法及表现形式则取决于意境的方向。朱良志先生的《中国美学十五讲》系统全面讲述了这个体系，园林是对美学及哲学的形式表达，而在这个形式中，却又将文学艺术等紧密联系起来。故我们培养情趣,用时才可以洒脱。这就是我从中得到的一些感悟。

雨落芭蕉，无可奈何之感伤却是此时此刻之顿悟，瞬间即永恒。时光之露水滴落在了芭蕉之上却滴入了清澈的心。在一片寂静之中，聆听每一滴雨滴，自照内心，还自己一个清宁的世界，于其中去追寻信念。

苏州拙政园　听雨轩

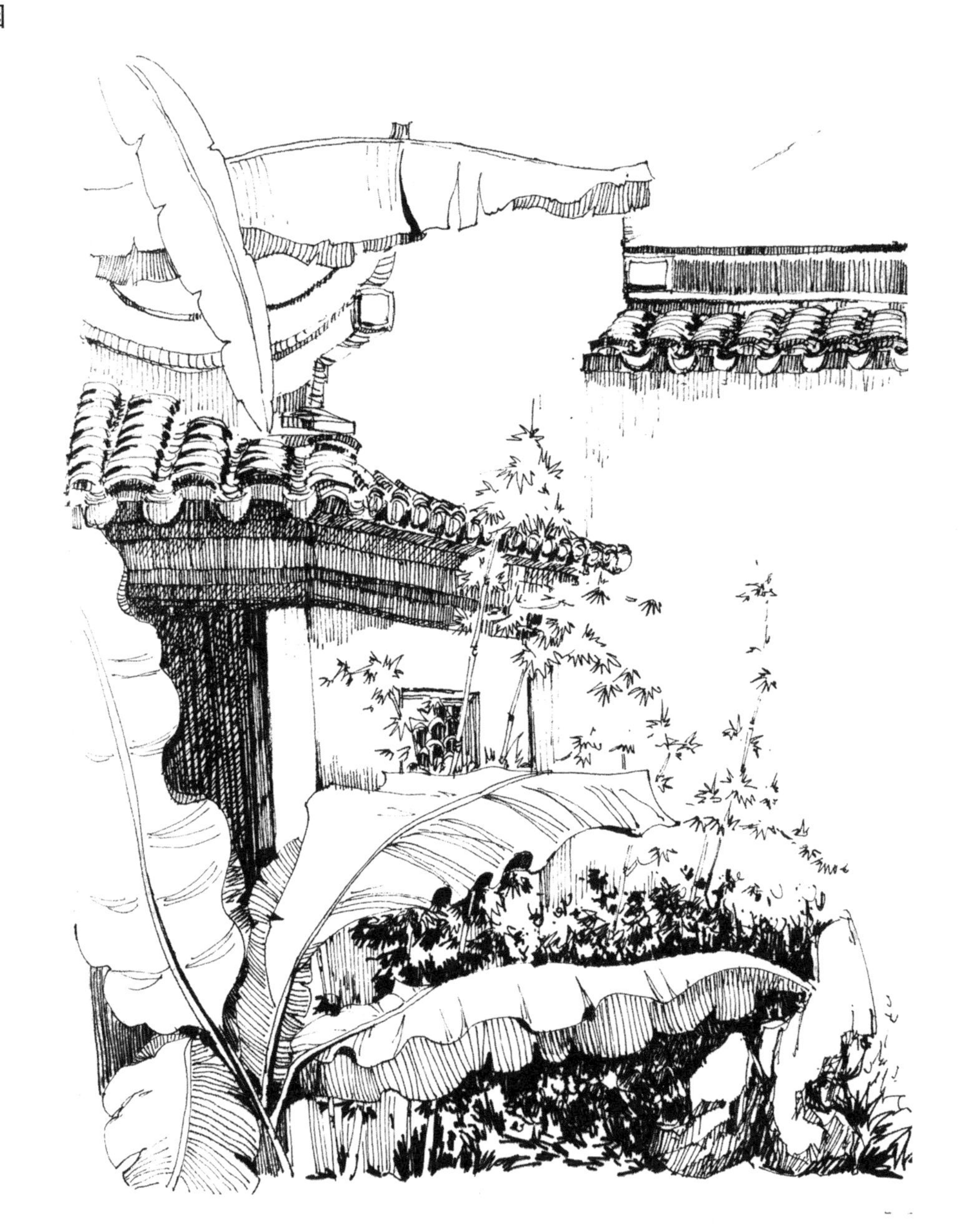

苏州拙政园　小景

苏州拙政园　小景

（二）骤雨新荷

骤雨打新荷，酣畅淋漓之中感伤。说起荷我不由得想起元好问的词："绿叶阴浓，遍池亭水阁，偏趁凉多。海榴初绽，朵朵簇红罗。乳燕雏莺弄语，有高柳鸣蝉相和。骤雨过，似琼珠乱撒，打遍新荷。人生百年有几，念良辰美景，休放虚过。穷通前定，何用苦张罗。命友邀宾玩赏，对芳樽，浅酌低歌。且酩酊，从教二轮，来往如梭。"骤雨过后空气清新，菡萏翠叶露。人生短促，不如赏玩。中国艺术称骤雨打新荷为沉着痛快。唐诗风格之妙有二，一即是优游不迫，一是沉着痛快。在沉着痛快之中有顿挫之致，这是一种飞中求挫。飞中求挫是中国艺术的一种意韵，也是中国美学所推崇的"顿挫"的美感。

那年夏天我和小叶子到北京，为了一个项目的实地踏勘，顺便去了颐和园。夏季大雨中在颐和园的谐趣园静坐，新荷骤雨，绿荫之中可俯瞰荷花。初荷乍露，柔雨新洗，清逸而出，可爱之至。故而拍照留念随后画之。谐趣园这座小园是清乾隆时仿无锡惠山脚下的寄畅园建造，原名惠山园。建成后，乾隆曾写《惠山园八景诗》，在诗序中说："一亭一径足谐奇趣"。嘉庆时重修改名"谐趣园"。竣工时，嘉庆在《谐趣园记》中说："以物外之静趣，谐寸田之中和，故名谐趣，乃寄畅之意也。"从颐和园的水边长廊折向山林，一路树木森森，走下来忽现一园即谐趣园。

园内共有亭、台、堂、榭十三处，并用百间游廊和五座形式不同的桥相沟通。园内东南角有一石桥，桥头石坊上有乾隆题写的"知鱼桥"三字额，是引用了庄子和惠子在"秋水濠上"的争论而来的。我觉得谐趣园景致疏朗，涵远堂居后临水，中低后高。涵远堂之后的山林，有一副江南园林缺少的北方山林岩石气魄。而一泓清池种遍荷花，人在水岸边廊中可从不同方向看荷花与远景，景致疏密得当，层次淡远，特别是饮绿可以近水赏月。据说此处为慈禧太后垂帘听政之所，现如今老太太耍太极之处。饮绿上对联曰："云移溪树侵书晃，风送岩泉润墨池。"此对联很有一股书卷气，墨池书晃云移风送，立于此确实可见云及远山。

中国园林建筑亭台楼阁廊榭轩舫馆桥各有特点，依据山水之形适当经营位置。各种书籍已经有很多分析在此不再赘述，仅写三点水榭之设计重点：其一依据水池大小布置榭的临水出挑，依离水面远近取舍大小体量，水面大可挑，水面小不宜挑太多，出挑与体量有关，出挑越多体量越轻巧，出挑少可稳重。其二与水面之高度有关，距悬太高需设浮石浅草，贴近水面注意控制水面标高及植物尺度。临水水榭之栏需要仔细思量，中国古人诗中总是凭栏而观，故栏之形式与水面及植物关系需妥善处理，注意支撑骨架部分应隐藏勿暴露。其三造型。临水水榭做得比较好的有网师园射鸭廊，寄畅园知鱼槛，拙政园倚玉轩及谐趣园饮绿，故榭需通过水廊、白墙、漏窗、临水美人靠等形成榭的内部空间格局，需有分隔，加以植物配置形成天然雅趣。

从饮绿沿廊走可到知鱼桥。桥前有石坊，对联是："回翔凫雁心含喜，新茁苹蒲意总闲。"石桥为白色石雕砌，体量适宜精致，贴近水面，桥名来自庄子与惠子之濠上之辩，说的是游鱼之乐。庄子与惠子游于濠梁之上，庄子曰：鯈鱼出游从容，是鱼之乐也，惠子曰：子非鱼，安知鱼之乐？庄子曰：子非我，安知我不知鱼之乐？惠子曰：我非子，固不知子矣，子固非鱼也，子之不知

北京颐和园谐趣园　荷塘

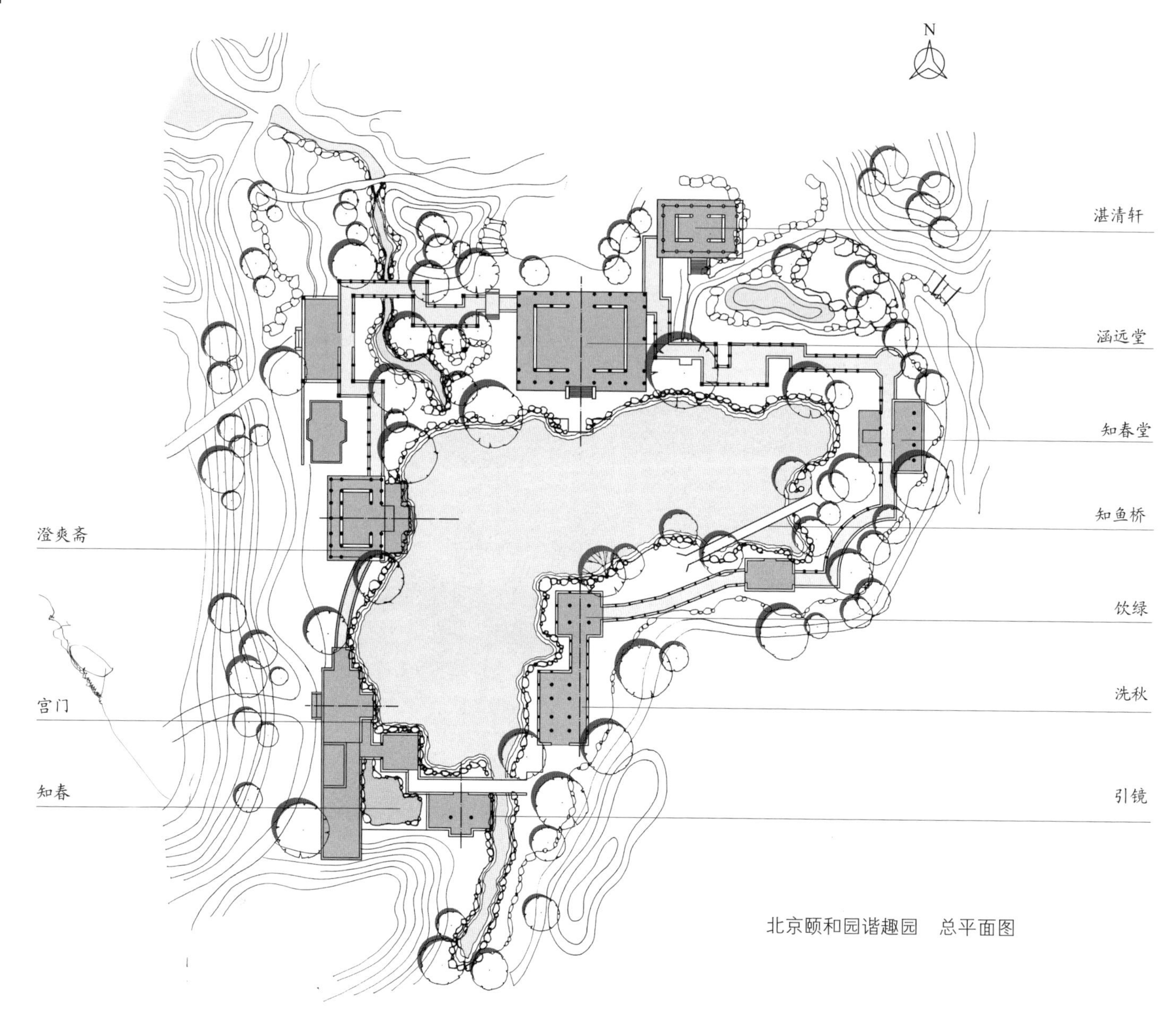

北京颐和园谐趣园 总平面图

鱼之乐，全矣。庄子曰：请循其本，子曰汝安知鱼乐云者，既已知吾知之而问我，我知之濠上也。试译为白话：庄子与惠子在濠水桥上游玩。庄子说："鯈鱼在河水中游得多么悠闲自得，这是鱼的快乐。"惠子说："你不是鱼，怎么知道鱼是快乐的呢？"庄子道："你不是我，怎么知道我不知道鱼的快乐？"惠子道："我不是你，所以不了解你；你也不是鱼，本来也不了解鱼。"庄子又道："请你从最初的话题说起。你怎么知道鱼儿的快乐？你这么问，说明你已经承认我知道鱼的快乐，所以才会问我怎么知道的。我是在濠水岸边，知道鱼是快乐的。"对话反映了两位哲学家看世界的不同方式。朱良志说：这两种看世界的方式就是诗意的和逻辑的。一逐于物，一融于物；一是人，一是天；一是知识的推论，一是非知识的妙悟；一个是人反思的物质世界，一个是人在其中优游的大千世界。惠子关心的是"我思"，庄子关心的是"我在"。知鱼之辩包含着中国哲学。可详见其后的章节。中国园林是一个容纳文学、哲学、艺术等的综合体。在中国园林中可见古人之思之乐之学之理，乐趣无穷。古人在赏玩的同时将理想及对世界的领悟寄寓其中。这就是园林的灵魂。曾经有句话：好看的皮囊千篇一律，有趣的灵魂万里挑一。文学、艺术、设计都需要灵魂，一个有灵魂的人也才可以写出"明月几时有"那样的诗句。

宗白华先生说："艺术心灵的诞生，在人生忘我的一刹那，即美学上所谓'静照'。静照的起点在于空诸一切，心无挂碍，和世务暂时绝缘。这时一点觉心，静观万象，万象如在镜中，光明莹洁，而各得其所。"（《美学散步》）静照自身，找到来时的路，融入设计里，作品才具有灵魂。这就是从事园林设计工

北京颐和园谐趣园　饮绿

作的真正的目的。

知鱼桥可到达涵远堂。涵远堂门前有楹联："西岭烟霞生袖底，东洲云海落樽前。"站在涵远堂前可望碧波泓水远霞云海，堂后堆山叠石松石洒脱，格局方正敞亮。北方园林兼有北方旷达风景与江南的建筑空间的"隔"，故涵远堂既得淡云舒月又得远松苍石，伫立于此只觉空廓、了然、旷逸。

从走廊走到堆土岩石可俯瞰谐趣园，在松树白石的空隙望远处的景致饶有趣味。苍松直耸入云，岩石跌宕参差，山坡杂草漫漫，既有一种苍茫感又有一种豪迈之气。谐趣园得江南园林之灵秀又兼有北方浑厚豪迈之气魄，真有妙趣。故画之。特写诗一首寄托此时心情。

骤雨游谐趣园

饮绿菡萏骤雨歇，
洗秋翠叶白露滴。
知鱼桥凌波越，
思庄子优游。
沐雨西岭云海渺无际，
归退山林白鹿何在焉。
谪仙人奔月千年，
空遗荷香袭今人。

北京颐和园谐趣园　山林

二、残荷冷雨

“菡萏香销翠叶残，西风愁起绿波间。还与韶光共憔悴，不堪看。细雨梦回鸡塞远，小楼吹彻玉笙寒。”

——南唐·李璟

“菡萏香销翠叶残，西风愁起绿波间。”王国维评：有众芳芜秽，美人迟暮之感。乃古今独赏其“细雨梦回鸡塞远，小楼吹彻玉笙寒”，故知解人正不易得。南唐李中主李璟一句“荷花销残，西风愁起”描绘了残荷风中凄凄的景象，只言片语幽怨却有无尽的无可奈何之感。这样的意境有《离骚》的“众芳芜秽”“美人迟暮”的意境，而今人只赞“细雨梦回鸡塞远，小楼吹彻玉笙寒”。王国维把自然景象与人生境遇联系起来，体会到了更深长的意味。这就是楚辞里的感伤与物哀，有一种无可奈何的特殊美。无可奈何无法排遣，挥之不去。悲秋是中国文人之常情，而在无可奈何之境则有一种灵气和生命的香味，是绝妙的美的世界。楚辞里的杜鹃啼血、无可奈何、迷离恍惚等独有的伤感影响了后世的所有文人，成为中国艺术中一种独特的气质，这样的气质东方特有。中国园林奇妙在于四时的变化之中将明媚与枯残收纳。让我们在中国园林中去感受一下楚辞的意境吧。

（一）残荷冷雨

残荷枯败也是一种趣味。那年冬天去杭州西湖，在西湖十景之一曲院风荷，荷池中都是枯败的荷叶与莲蓬，金色的褐色的倒伏于水面，感觉线条很美，乱中有一种独特的感觉。水面平静，如同一面镜子一般可以倒映所有的残叶。没想到水岸上人潮汹涌，而水面却有一派空寂与永恒之感。

还有一次在圆明园遗址公园内，在断柱残垣的旁边就是一片枯草残荷，余光残照草木萧瑟。以前不懂何为萧瑟，似乎慢慢随着年纪增长，萧瑟悲秋也有了不一样的意味。不由得想起自己的经历，坎坷之中也有希冀。人生有何不为，有何可为，如何为之，不为如何？一番思索，低头观残荷不语，忘记烦恼，随着残荷沐浴夕阳。

冷寂、枯败到了极点就是一种美，唯美。也许中国的唯美与西方有出入。西方文艺复兴时期拉斐尔的风格就是唯美。而中国的唯美冷、清、寂、洁。这个唯美最早来自于楚辞。自怜，是一种自珍，是自我性灵的珍摄。故古人移情于物，托物明志。

楚辞《渔父》一篇体现了这样的精神。屈原既放，游于江潭，行吟泽畔，颜色憔悴，形容枯槁。渔父见而问之曰：“子非三闾大夫欤？何故至于斯？”屈原曰:“举世皆浊我独清，众人皆醉我独醒，是以见放。”渔父曰:“圣人不凝滞于物，而能与世推移。世人皆浊，何不淈其泥而扬其波？众人皆醉，何不哺其糟而歠其釃？何故深思高举，自令放为？”屈原曰：“吾闻之，新沐者必弹冠，新浴者必振衣；安能以身之察察，受物之汶汶者乎？宁赴湘流，葬于江鱼之腹中。安能以皓皓之白，而蒙世俗之尘埃乎？”渔父莞尔而笑，鼓枻而去。乃歌曰：“沧浪之水清兮，可以濯吾缨；沧浪之水浊兮，可以濯吾足。”遂去，不复与言。我想大家都了解此故事。渔父和屈原都爱性灵的清洁，但选择了不同的道路。屈原有洁癖，不仅如此还有精神上的洁癖。内美是他的追求，他没有选择随波逐流，也没有像渔父一样超然世外，而选择了玉石俱焚来护持自己的高洁理想。他的诗满溢着这样的洁净的情怀。楚辞孕育着精神的寄托，生成一种自珍的精神。

日本曾经有一位禅宗大师说：“爱园林不是在里面堆砌很多东西，这是炫耀不是爱园林；真正的爱园林是静穆其中，在其中感悟自由的精神意志。这才是真正的爱园林。”中国园林是一个承托了几千年中国骚人风韵，内美、自己清净精神的地方。故此书先谈意境哲学，知来处，偶尔精炼提一下设计。园林就是一首诗，一幅画，我们身在画中身在诗中，从诗中感悟画与意境再回归到园林，进进出出，出出进进，融会贯通。离骚：“制芰荷以为衣兮，集芙蓉以为裳；不吾知其亦已兮，苟余情其信芳！”意思为剪裁绿荷做时装，缝纫白莲制衣裳。君非知臣此中意，衷情如花有清芳。古人借物明志。李璟：“菡萏香销翠叶残，西风愁起绿波间。”李商隐：“秋阴不散霜飞晚，留得枯荷听雨声。”梅尧臣：“昔我居此时，凿池通竹圃。池清少游鱼，林浅无栖羽。至今寒窗风，静送枯荷雨。雨歇吏人稀，知君独吟苦。”分别是以物明志；借景物哀，无可奈何；残中求生；景中悟人生。李商隐还写过：“荷叶生时春恨生，荷叶枯时秋恨成。”蒋勋在说唐诗里说：“如果在眷恋荷花盛放的时候，拒绝荷花会枯萎这件事情，是不成熟的。在生命里最眷爱的人，有一天也会与我们分别。明白了这些，情感可以更深。”李商隐很厉害，春也恨，秋也恨，春恨来了秋恨别，其中有一种哲学思想既没有开始亦无结束之意味。这样的爱与恨是一种更深的沉着的眷恋。故画残荷一支留白许多，唯美静观，感悟对生命的眷爱。

在园林之中荷花有荷风四面之盛景，却也有这枯败的唯美，人生岂不是如此。枯败到了极点就是重生，盛极而衰，衰极复生。在人生的低点即起点，潜行磨砺静待盛放。

（二）绿荫水岸

我观荷较为印象深刻者有以下几处：第一处是圆明园遗址公园。在遗址公园有两处荷花，品种珍贵，有白色荷花。在断垣残壁中去赏荷却是在一种残缺中见活泼。第二处是拙政园远香堂及倚玉轩。倚玉轩可于美人靠处临水观荷，独见一池菡萏，此景风致高远。第三处是在家门口的翠湖公园，荷花品种有黄荷、红叶莲、白荷、白雪公主等，白荷尤为清逸。第四处是云南文山普者黑景区。划船在其中，荷花飘飘然从身边浮过，别有一番情趣。

荷花品种我最喜欢冰娇、西厢待月、锦边莲、美三色。这些品种在华南一带及泰国较多。每年我必在荷花初开、盛开及衰败时节看荷，从大学毕业至今没变过。那年我大学毕业刚工作，逃班到翠湖看荷，忽逢大雨，雨中我撑着伞看雨打荷花，大雨洗净了天地人。对岸有一女子撑伞看荷，我一动不动，她也一动不动，就这样很久很久，一切都凝固了……骤雨方歇。我从荷花中抬头看她不见了，若有所失。很多年过去我依然记得此事。荷花还有别名“菡萏”“青莲”。我一次出差路过南京夫子庙，有一剪纸店，那天是除夕前一天，有一老者静坐在内剪纸。他的剪纸特别生动，我一眼就看中了一幅莲花。他看我一直盯着那幅荷花看，问我：“你知道荷花又叫什么吗？”我若有所思回答：“青莲。”他重复了一句：“青莲就是清廉。为官要清廉。还有一个意思青怜。”我默然。说完他继续低头沉浸在自己的世界里。就在热闹的除夕前夜，商业街一片冷清，万家灯火不见，一老者在自己的工作室里剪纸，待我把青莲买下来才发现他就是张金林[①]。转身走出夫子庙这个小巷子，回望那幽幽之光一股暖意油然而生。这幅青莲就一直放在我的书柜里了。青怜，清廉，中国文化内涵丰富。古人观荷之处，建筑一般采用“隔”之手法，用栅格隔，用墙隔，通过“隔、抑、曲”增加观之趣味。

留园古木交柯的前面有一凭栏处绿荫，此建筑很有意思，临水而建，栏外一片生机，荷花摇曳。后面照壁前放置一桌，桌上有时令鲜花，照壁是玻璃与木的，花窗通透。隔玻璃看到后面天井庭院的空间，我目测了一下约 10 米见方，四面围合的天井有一种内向明媚之感，玻璃照壁前走廊起到了舒缓作用。然后就是临水凭栏处，而这个栏外挑。此处体现了文学中的委婉之意，一层层，就像诗一般让人意犹未尽。故而我画之。

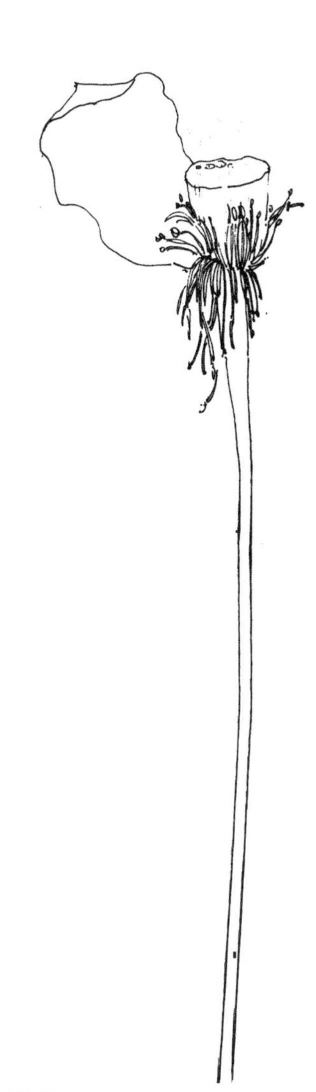

残荷

① 张金林是南京剪纸大师。

留园空间变化很丰富，彭一刚先生在《中国古典园林空间分析》里专门详细描绘了留园入口空间的一系列变化。留园窗特别多。天井、疏石、枯木等，走过每一窗就像一故事刚刚开始，有点连环画的感觉。笔者画了很多留园的窗，似还不够。我印象特别深的是有一个窗透过去见一院，院有门，门后有另外一个建筑的花窗，花窗前有一疏叶植物窈窕而立。诗曰："清晨入古寺，初日照高林。曲径通幽处，禅房花木深。山光悦鸟性，潭影空人心。万籁此俱寂，但余钟磬音。"朱良志说：古寺有钟声很有禅意，深而曲，象征茫茫尘世和理想中清净世界的判隔。而留园这里曲径幽深，深处之美就是藏，半遮半掩的美。造园之说便是三个字：隔、抑、曲。曲中可以见沧海，见延绵，见袅娜，见含蓄。至于观照何物，设计师自冥想之。先冥想，体味意境及美学，再经营位置，而不是经营完了位置再去凑合意境，而且意境也是需要空间的转化和序列的。系统学中国文学、哲学及美学，做到融会贯通。古代王维、文徵明、白居易、杜甫都是四绝大师又是设计师，王维不仅诗、文、画俱传，通晓音乐还是设计师。难道他们是先成为设计师后才是文学家、画家吗？其实无论是现代风格的设计还是古典的设计，灵魂很重要，有一个东方的灵魂及精髓，将古典美的内涵用现代的手法展现。表达有很多方式，可以灵活多变，灵魂是归路。追根溯源，三大园林体系其实都是融会贯通的，人们需要了解西方艺术及西方哲学才能真正体味西方园林里的意境。

回到留园，绿荫是一个很好地体现"隔、抑、曲"手法的场所。做到知其表亦知其里，融会贯通，便可自由自在地畅游。绿荫水岸，凭栏之处观景之所，必然需要对景构图。设计师需要美感和构图。中国园林中的景致随便立于何处都是一幅优美的画卷。下面两幅手绘留园明瑟楼和退思园的闹红一舸，照实景所画。画的过程其实是先练手，练到一定程度就是炼心。

总结画画设计二十年：画前先思其景其境，了然于心，虚实删减，取一线于图，明暗虚实，千思万虑于一笔精炼。画树必懂树语，画枝必知枝之姿态，画石必知石之仰卧立，神灵智齐聚，情心思共鸣则可随心所欲。画一画炼心，心到画成。

苏州留园　绿荫

苏州留园　明瑟楼

同里退思园　闹红一舸

三、濠濮间想

“会心处不必在远，翳然林水，便自有濠濮间想也，觉鸟兽禽鱼自来亲人。”

简文帝于山水中“会心”濠濮自由之境界，感受大自然的亲和力，鸟兽禽鱼自来亲人。若想如此首先要自由，让我们自由地在园林中去体味游鱼之乐。

（一）濠濮间想

濠濮间故事出自《庄子》，说的是庄子与惠子同游濠梁之上以及庄子垂钓濮水的事。以“濠濮间想”谓“逍遥闲居、清淡无为的思绪”。“濠濮间想”是一种自由的境界、和谐的境界。解脱人为的障碍，与山水林木共欢乐，伴鸟兽禽鱼同悠游，感受人与自然的通体和谐。“濠濮间想”者，云水之乐、山林之想也。北京北海濠濮间与画舫斋一北一南，山林在中部，意境与设计空间合而为一，通过一系列建筑外廊的递进实现对山水林木的悠游，达逍遥闲居、清淡简练的自由境界。

北海濠濮间首先通过山石登廊然后到达半山的水面，通过水面曲折的浮桥通往濠濮间，有点“吾将上下而求索”艰难困苦之后到达自由之境的意味。而感受游鱼之乐其实就是把自然之中的一草一木当作自己的朋友。李清照说：“水光山色与人亲。”沈周说：“鱼鸟相友与，物物无不堪。”谢灵运诗：“白云抱幽石，绿莜媚清涟。”王维诗：“流水如有意，暮禽相与还。”诗人就是一条游鱼，游于自然之中，在悠游之中去拥抱白云，飘浮在树林间，拂花枝而过，心灵如此轻柔与飘逸，与万物归一，自然也就懂得树木鸟兽禽鱼的语言和乐趣了，融入世界与世界同在。观察力及审美提高，见别人所不见，进行艺术创作及设计，突破心灵的束缚。浑成的世界是大美的世界，分割的世界是残破的。而体味这样的浑成大美需要忘情融物。

游濠濮间从后门涉山门进入，爬过山头，沿着长廊走到崇椒室。越过一块石头坡，豁然开朗，从这里走可以慢慢欣赏爬山廊道外的石景和松树，也可以栖息在廊道中观赏半坡石头及松树风景。云岫厂、崇椒室其后就是濠濮间的主体景观了，曲桥通往濠濮间（临河石柱敞厅三间）以及牌楼（安青白石牌楼一座），有青山石水池一座。此处背风，水面静如镜面，倒映建筑及山林树木，有一番古逸景象。水面漂浮睡莲与水草加之湖岸之石塑造了深渊之感，石景植物野趣盎然。夏初时分，水葫芦茂盛更增加一分静美。秋季黄叶飘落，冬季白雪皑皑，在萧瑟之中此处建筑山石骨架有一份骨感，体现出了北方园林的特点骨感之美。整个濠濮间空间转折和高低变化多样，虽然爬山廊道不长，不过廊道外风景叠石很有特色。如果雪中去游，可以看着白雪在高低石头上四周松树上飘散，也是一番独有风景。故画之。

濠濮间结合地形处理比较成功，在第七章可详见其平面图，我称此处为两堂对望，中间用山林隔建筑之景，形成动—观—动的特点。而植物景致随地形由密到疏变化，由高到低呼应。故园林之中构思完意境再考虑空间顺序，再将植物配合空间的意境营造出不同的独特的空间串联，最终形成山林与濠濮间游鱼之乐。这两个构思有深意。

（二）烟雨楼阁

在山林之中感受游鱼之乐，在烟雨楼阁又是另一番感受。说起烟雨楼阁，绕不过承德避暑山庄的烟雨楼。烟雨楼位于承德避暑山庄的湖景区，缥缈浮在水中。从水面看过去有乘虚往来之感。

烟雨楼位于承德避暑山庄青莲岛，如意洲北，隔湖有曲桥相通。此岛先名千林岛，康熙改题青莲岛。据《承德府志》记载："湖水自东北演迤而南至万树园之阳，净练澄空，沙堤曲径，如意洲在焉。其北为千林岛。"建筑有烟雨楼、青杨书屋、对山斋等，布局巧妙，姿态秀美，是山庄湖区游览的胜境之一。乾隆四十六年（1781年），仿浙江嘉兴烟雨楼形制在岛上修建了一组建筑，同名烟雨楼，是山庄内最晚修建的建筑之一。门殿三楹，中为通道。门殿北有围廊，方形，与主楼四面围廊相通。主楼五楹，两层，进深两间，梢间为楼梯，周围廊。北、西廊外湖中起台，置汉白玉望柱。顶层檐下悬乾隆御题"烟雨楼"云龙金匾，另挂楹联"百尺起空蒙碧涵莲岛，八方临渺弥澄印鸳湖"。楼后临湖有石栏望柱，这里是清帝与后妃消夏赏景之处。门殿西有殿三楹，名对山斋。斋北为一独立小院，白墙青瓦，有月门出入。斋南堆假山，洞府之上起六角翼亭。主楼东隔墙有殿，名青阳书屋，面阔三楹，梢间窄，进深大，成南北长、东西窄的格局，是清帝的书房之一。书屋南有方亭名"朗润"，北有八角亭称"小友佳住"。

烟雨楼布局紧凑，庭院古松挺拔，庄严；院外遍植荷、苇、蒲、菱，素淡，庄严、素淡形成对比。附属建筑设计颇见匠心，一高一低，一远一近，一洞一院，一山一水，既调剂了精神气氛，又丰富了整体内容。假山洞府给青莲岛以幽静；翘檐松枝赋烟雨楼以飞动；白墙月门增添秀气；回廊曲

北京北海公园　濠濮间（一）

径表现含蓄。山雨迷蒙、风卷云低之时，烟雨楼湖山尽洗，雨雾如烟，水空一色，天地无分。遇雨后夕霞，飞鸟空旋，“落霞与孤鹜齐飞，秋水共长天一色”。此时此地缥缈，犹如仙境。山雨迷蒙的时候，烟雨楼笼罩在雨雾烟云之中，宛若海市蜃楼，神奇、朦胧。北望湖光山色，碧波荡漾，建筑掩映在森森树木之中。每个面看去高低呼应，很有特点，故画之。

北京北海公园　濠濮间（二）

北京颐和园谐趣园　知鱼桥

承德避暑山庄 烟雨楼

四、空翠湿衣

“山路元无语，空翠湿人衣。”

满山空翠打湿的不仅仅是人的衣服还有人的心灵，中国艺术推崇空灵淡逸的美，中国艺术之中“空山”就是一个空灵的世界，灵气在其中往来。就让我们将自己置于空翠之中，风吹满袖，衣湿心明。

“空山不见人，但闻人语响。返景入深林，复照青苔上。”（王维《鹿柴》）朱良志说这是空山，空灵寥落的世界，灵气往来的世界。于万壑松风感受古逸苍松，于沧浪翠野中感受简素，于先月轩中沐浴绿意。宗白华先生在《美学散步》中写道：“诗也可以完全写景，写‘无我之境’，而每句每字都反映出自己对物的抚摩，和物的对话。”

（一）万壑松风

北方的园林总有一种气魄，特别是有很多松柏、岩石、古建，冬日白雪覆盖了世界，却勾勒出了空间的骨感；而到了夏日绿意盎然，一片空翠之中，寂静寥落，万壑松风，在这个世界里，松风似有似无，空而海涵，静穆中显崇高。万株松柏参天，透漏出远处的蓝天白云，透出一份空灵和蕴藉。空则灵气往来。

万壑松风位于避暑山庄的宫廷区最后一段，经过几重围合宫殿建筑群，空间幽闭慢慢升高，先抑后扬，最后登上万壑松风则骋目驰怀，可见湖景区的平湖风光，可谓景观的一个转折之处。我独爱万壑松风的草坡及松柏故而画了又画。松柏高耸入云错落分布，建筑在松柏之后，立于群松中望过去，宛然回到了古代。“何当凌云霄，直上数千尺。”李白曾有诗《南轩松》，刻画出了松柏的高直，高直向上浮在云端。“君不见拂云百丈青松柯，纵使秋风无奈何。”岑参《感遇》刻画了松柏之凛然，秋风无奈何。之前说过无可奈何为一种物哀之情。“落落盘踞虽得地，冥冥孤高多烈风。”（杜甫《古柏行》），杜甫之诗有一种力量就在孤高烈风之中。“青松寒不落，碧海阔愈澄。”杜甫这一句将空间拉远，有一种壮阔之美，清明澄阔之感。可见人人见松而有不同之感受。不禁想起黄山之松，似有神，挑在崖边飘逸清高。我画冬日万壑松风。

空翠之中包含色空与无常。《庄子·天地篇》中有一则故事：黄帝游乎赤水之北，登乎昆仑之丘而南望。还归，遗其玄珠。使知索之而不得，使离朱索之而不得，使喫诟索之而不得也。乃使象罔，象罔得之。黄帝曰："异哉，象罔乃可以得之乎？"译文：黄帝在赤水的北岸游玩，登上昆仑山巅向南观望，不久返回而失落玄珠。派才智超群的智去寻找未能找到，派善于明察的离朱去寻找未能找到，派善于闻声辨言的喫诟去寻找也未能找到。于是让无智、无视、无闻的象罔去寻找，而象罔找回了玄珠。黄帝说："奇怪啊！象罔方才能够找到吗？"这个故事说的是，能言善辩的人无法做到，才智超群的人无法做到，而无智无闻的人才能做到。象罔没有形迹，就是空，空找到了玄珠。道没有踪迹可以寻，道空虚茫。无常，本来没有，现在有了，现在有了刹那间又无，世无常态。朱良志说：无常有两个方面，一是在时间流上看，刹那变化，有无常态；二是新旧交替，转眼即故，说新也是故。而中国艺术的无常观念表现在方方面面。如绘画，南宋画家李唐[①]，曾画存世作品有《万壑松风》。这一幅画是李唐在北宋画院时的作品。在主峰旁边的远山上，题有"皇宋宣和甲辰春河阳李唐笔"。甲辰是宋宣和六年，李唐已经步入高龄。尽管如此，画中表现的山石仍然有雷霆万钧的阳刚力量。画上的插云尖峰、冈峦、峭壁，好像斧头刚刚劈过，对一片石质的山，表现山特别坚硬的感觉。绘画、书法、诗词等得其精妙，融会贯通，可将中国哲学及美学融于设计之中。王雪松曾以钢笔画松，十分简练、清逸。

万壑松风主殿是宫殿区唯一打破坐北朝南格局的正殿，坐南朝北，殿面阔五间，卷棚歇山顶，周围有廊，是清圣祖康熙读书、批阅奏章、召见臣工的地方。其建成于康熙四十七年（1708年），北临湖水，主殿与五座单体建筑建在高岗上，彼此有游廊相通。景区内有松树数百株，阵风吹过，松涛骤起，故名。为清圣祖所题三十六景之第六景。乾隆幼小的时候很受祖父康熙的宠爱。12岁被养育宫中，并随康熙巡幸出塞，到木兰围场秋狝等。康熙在山庄驻跸时，在万壑

---

① 李唐（1066-1150），南宋画家，善画山水，兼工人物。其画风在南宋一代传播很广，对后世也有很大的影响。

松风南的鉴始斋设立书房让乾隆居住，以便于早晚教诲，并选了两名年轻的妃子住在鉴始斋旁的静佳室，精心照料皇孙。康熙召见官吏时，常把少年乾隆叫到身旁，让他熟悉宫中礼仪。乾隆继位后，为了纪念祖父对他的恩宠，感恩对他的培养，把主殿改名为“纪恩堂”，并亲笔题匾挂于殿额之上。

避暑山庄松柏景致较为有意境的还有云山四面、北枕双峰、南山积雪、锤峰落照。于苍松翠柏中眺望夕照落日，登高望夕阳也是一种乐趣，几千年前便如此。现在很多五星级酒店有日落吧，无论是在西方与中国。写登高之诗有崔颢的《黄鹤楼》，“昔人已乘黄鹤去，此地空余黄鹤楼。黄鹤一去不复返，白云千载空悠悠。晴川历历汉阳树，芳草萋萋鹦鹉洲。日暮乡关何处是，烟波江上使人愁。”崔颢年轻时很迷乱，而晚年诗竟大成。可见一个人的经历成就了一个人的志业。此诗就连李白看后也自叹不如，真是神品。我居于昆明滇池畔，经常去滇池看夕阳。看夕阳须有云，云还须疏散，天气有薄薄迷雾更佳，这样的夕阳朦胧氤氲，若隐若现。而这样的天气一般出现在初秋，到了秋末夕阳更为迷蒙。园林之中景物结合四时更替，产生各种变化，赏玩之趣可以从黎明开始一直至月升，真是赏不完。

美好的东西精神内涵是一致的，因为大美于内。可见中国哲学智慧博大。万壑松风是一个追思古远之去处。我们不远千里去世界各个地方寻那个世界，却把自己身边的世界给遗忘了。中国美学哲学有着无穷的内涵，其中天地苍茫。沉浸在中国艺术之中去赏玩中国园林，有趣不累。找寻到这样的一个世界，也就无畏于将来，把自己交给山水，随其放逐，优哉乐哉。

承德避暑山庄　万壑松风（一）

万壑松风观雪

石阶草枯浮云松，
古道旧台沉雪殿。
飘飘洒洒满冰霜，
冷冷清清孤人立。
凭栏心似白鹤去，
缥缈虚空寻故人。

立写于 2018 年冬

承德避暑山庄　万壑松风（二）

承德避暑山庄　万壑松风（三）

承德避暑山庄　万壑松风（四）

（二）沧浪湿衣

园林艺术家陈从周说："白本非色，而色自生。色即是空，空即是色，池水无色，而色最丰。"园林于无景处求景，无声处求声。动中求动，不如静中求动，实中求景，不如空中求景。景中有景，象外有象，才是园林的大景。大美于内，向内求美，景物之内美，不在于形而在于其质。低处有伏地，高处有轻盈，水岸有杨柳，残瓦有杂草，旧垣有青苔，残破有故事，园林之美是融所有这一切于其中。动可观鸥鸟，静可看枯荷，无色即一色，一色即本色。

空翠虚空在中国美学中涉及虚静。南朝的宗炳提出"澄怀味象""澄怀观道"，即让空灵寥落的心灵自由自在地舒展，没有任何妨碍。空灵的艺术需要有空灵的心灵。"园日涉以成趣，门虽设而常关。策扶老以流憩，时矫首而遐观。云无心以出岫，鸟倦飞而知还。景翳翳以将入，抚孤松而盘桓。"这就是无心，没有拘束自由自在。于永生《诗二十四品》中阐述"神味"："无我之上之有我之境"，又分三层次：由庸俗我而至真我；由旧我而至新我；由小我而至大我。大我者，亦分两种。其所造成即"意境""神味"之分野。"无我之上之有我"之与"大我"，两者未必等同，即"无我之上之有我"未必为"大我"，"大我"亦未必为"无我之上之有我"，必两者之交集，是"神味"说之所尚也。吾国文艺之最高境界，必兼具"大"之境界而后为可能，故崇大也，如大美女、大学者、大名士之类，即如"写意"一义，在"意境"则为"写意"，在"神味"则不可，而必为"大写意"也。欲成其"大"，则必经"新我"，方成"大我"。而自由的心灵就是通向大我的路径。禅宗说"青山不碍白云飞"，自由自在的世界互不妨碍。

我去过的园林四月的寄畅园最为空翠。万籁寂静于天地水一片绿意之中，特别是先月榭处于水景的端头，两边的植物绿荫遮天。在这一片绿意之中阳光洒落，斑斑点点洒于水面洒于廊榭之中，似乎有千言万语与你说。一片空翠人心寂寥，绿得让人心醉。四月的寄畅园真美，鸟儿于凭栏处散步，水中千年磐石岿然不动。古人踏石影，今人画石影，共此石共此绿。故而兴之所至画之又画，画不尽一池绿波，画不完一泓空翠。人本身并没有贵贱之分，关键在于人的精神境界的高下。他以"一点浩然气，千里快哉风"这一豪气干云的惊世骇俗之语昭告世人：一个人只要具备了至大至刚的浩然之气，就能刚直脱俗、坦然自适，享受使人感到无穷快意的千里雄风。明秦耀《寄畅园二十咏其十四先月榭》："斜阳堕西岭，芳榭先得月。流连玩清景，忘言坐来夕。"

先月榭是一座横于水面之榭，前有一泓碧水，后有跌宕岩石，溪流自山林形成缘涧而下，于其中可坐观山林溪石。有山林之野逸，亦可看纵深水面之景，对望含贞斋。其中隔水中浮岛，浮岛上有歪斜大树，与对岸知鱼槛的树形成一对，此植物夹景很妙。先月榭前有石台，石台边有石条栏可以坐。临水凌波，榭为三开间，两端外挑美人靠，端头接廊，廊前为水石灌木。此榭通透，四方交通于此汇聚却又观八方景观。建筑体量精巧别致，进退适宜。我立于其中前后左右上下观之，设想在古榭中设置琴瑟，有窈窕淑女弹奏，岂不妙哉。故而作先月榭四月空翠一诗。

先月榭四月空翠

谷雨惠山寺匿清幽，
四月先月榭藏琼花。
浮云游子下江南，
野鹤白衣摇青扇。
轻轻曳曳飘飘然，
郁郁葱葱幽幽意。
问秦耀连玩清景忘言夕，
叹吾立湿衣带水浸碧雨。
无可奈何日渐落，
淡然一笑轻步去。

到先月榭一游，不负我望，虽不带一物，却有千物于心画之感知。天有灵，地有灵，他日我来重游雪景，相约于此。中国园林清空一气，不着色相，其美我感知。

中国园林空翠野逸者还有沧浪亭，位于苏州。北宋庆历四年（1044 年）集贤院校理苏舜钦[1] 在汴京遭贬谪，翌年流寓吴中，见孙氏弃地约六十寻，以四万钱买入。在北碕筑亭，“沧浪之水清兮，可以濯吾缨;沧浪之水浊兮，可以濯吾足。”依此意命名“沧

① 苏舜钦（1008—1049），北宋诗人、书法家，与宋诗“开山祖师”梅尧臣合称“苏梅”。有《苏学士文集》诗文集。

无锡寄畅园　先月榭（一）

无锡寄畅园　先月榭（二）

浪亭”。苏舜钦常驾舟游玩，自号沧浪翁，作《沧浪亭记》。常与欧阳修、梅圣俞等作诗唱酬往还。从此沧浪之名传开。此处与寄畅园的空翠有别，寄畅园是一泓碧水为底，而此处是山林之野空翠。于万古翠绿中接天之气沐宋之清简。苏州园林繁多，而沧浪亭是比较素简风格的园子。白墙浅草，幽竹青石却又有一丝丝淡雅的书卷气。其中有明道堂是明代理学家讲课之地，难怪今日仍有一种儒雅之风于其中。在沧浪亭的一亭写有柱联："未知明年在何处，不可一日无此君。"朱良志说优雅的处所，格调似过于冷峻。对联有无奈，但更有警语。这里面包含了刹那永恒的思考。李白："青天有月来几时，我今停杯一问之。人攀明月不可得，月行却与人相随。皎如飞镜临丹阙，绿烟灭尽清辉发。 但见宵从海上来，宁知晓向云间没。白兔捣药秋复春，嫦娥孤栖与谁邻。今人不见古时月，今月曾经照古人。古人今人若流水，共看明月皆如此。"万古同一时，古今共明月。在悟中遁入永恒，和古人同思。古代的诗人就是这样的超越去往无限之中，与过去晤谈，与未来对望。

沧浪亭石砌亭子古朴雅致，周边岩生草木，树木苍苍入天，在这野逸之中的空翠，湿的衣也是带风的。沧浪亭上刻有对联"清风明月本无价，近水远山皆有情"，该对联上联出自欧阳修《沧浪亭》诗中"清风明月本无价，可惜只卖四万钱"，下联出于苏舜钦《过苏州》诗中"绿杨白鹭俱自得，近水远山皆有情"句。无价有情，有情的东西有价钱吗？有价钱的东西有情吗？审美就是一种无功利的过程，花几十元就可以游走古今，放逐心灵，不亦乐乎。继续摇扇子逛园子。沧浪亭置北埼，亭立山岭，高旷轩敞，石柱飞檐，古雅壮丽。山上古木森郁，青翠欲滴，左右石径斜廊皆出于丛竹、蕉荫之间，山旁曲廊随波，可凭可憩。遁级至亭心，可尽览全园景色，旧时可眺南园田野风光，周望极目可数里。园外涟漪一碧与山亭相映，亭柱石刻联珠独点其妙，相传亭中石棋枰为子美遗物。亭下山石，蹬步下山，走入廊中可见明道堂。明道堂，为清同治十二年巡抚张树声所创，依苏舜钦《沧浪亭》中语“观听无邪，则道以明”之意而名。旧为会文讲学之所，此堂开敞四舍，宏伟庄严，是为园中主厅。其北峰峦若屏，乔木郁然苍翠。该堂的主体建筑为砖木结构，门厅三层，礼拜厅二层。明道堂旁一二小院别致清雅，有宋之风。古人比今人有意思，得一妙悟即刻于柱写于石自赏之，今人园林中注意安全勿进勿入字样甚多。站在被锁起来关起门不得入内的明道堂之外的我，不由得想起魏晋南北朝的清谈之风。何为清谈，台湾学者唐翼明认为，所谓魏晋清谈，“指的是魏晋时代的贵族和知识分子，以探讨人生、社会、宇宙的哲理为主要内容，以讲究修辞技巧的谈说论辩为基本方式而进行的一种学术社交活动。”（唐翼明《魏晋清谈》）清谈就好比是一道智慧和语言的盛宴，令天下名士乐此不疲，倾情投入。清谈到底谈些什么啊？三部书是必谈的，就是《老子》、《庄子》、《周易》，总称“三玄”。这三部经典既有儒家的，也有道家的，但有一个共同点，就是都涉及了抽象哲学的命题，思辨性很强，很深奥。

看来我也只能在这关闭着的明道堂外一笑过之了。说起魏晋南北朝，宗白华先生说：“汉末魏晋六朝是中国政治上最混乱、社会上最苦痛的时代，然而却是精神史上极自由、极解放、最富于智慧、最浓于热情的一个时代。因此也就是最富有艺术精神的一个时代。”鲁迅先生说，曹丕的时代是一个“文学的自觉”的时代。俄国作家列夫·托尔斯泰说：“艺术不是技艺，它是艺术家体验了的感情的传达。”

“艺术的自觉”就是自觉地领悟一下，自觉地画一画，自觉地艺术一下，再自觉地写一写。

苏州沧浪亭

第三章　偶　遇

——幽深的意外

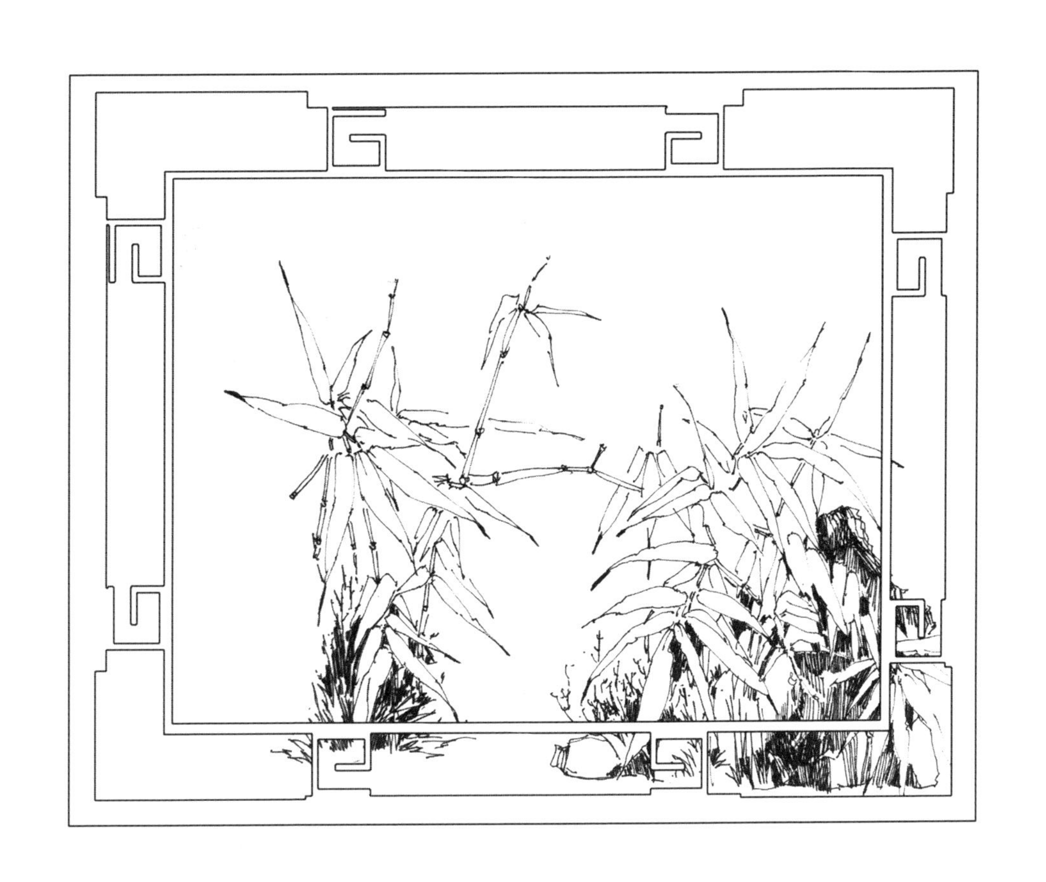

“闲倚胡床，庾公楼外峰千朵。与谁同坐？明月清风我。别乘一来，有唱应须和。还知么？自从添个，风月平分破。”

苏轼说得多好，与谁同坐，清风、明月、我。逛园子不必众，三五人即可。边逛边游偶遇了有趣之人、有灵之物，有缘。在意料之外，悠然之间眼神交流，转身一过，却若有所失，叹人生苦短，去偶遇有趣之人与那个世界。

一、窗外旧识

“野有蔓草，零露漙兮。
有美一人，清扬婉兮。
邂逅相遇，适我愿兮。
野有蔓草，零露瀼瀼。
有美一人，婉如清扬。
邂逅相遇，与子偕臧。”

诗经多美好，偶遇便忆一生。逛园子闲游，偶遇风物与有趣之人吧。

说起偶遇，一定要说一个很浪漫的故事。“花褪残红青杏小，燕子飞时，绿水人家绕。枝上柳绵吹又少，天涯何处无芳草。墙里秋千墙外道，墙外行人，墙里佳人笑。笑渐不闻声渐消，多情却被无情恼。”（苏轼《蝶恋花·春景》）苏轼在墙外行，而露出墙头的秋千和佳人的笑声，让人不禁浮想联翩。这样的情景增添了无穷的意味。“笑渐不闻声渐消，多情却被无情恼”。“情”的内涵也是丰富的，绝不仅限于爱情。这幅生动而富有情趣的小景，更成为后世诗人争相效仿的典范，多少凄美动人的故事发生在这样的墙巷之中。

中国建筑高墙之内外是两个世界，墙内内向的世界通向心灵，墙外世界寄托无限遥想。那年我去无锡，走在无锡寄畅园高墙之外，攀缘植物茂盛，小巷幽深，在小巷的尽端忽而出现丽则女学旧址。我经常闲游乱走，这次误入女学旧址之中。一道木制大门虚掩，从门缝中可见其中有一栋三层民国时期建筑，下层有弧形柱廊。由于现为花间堂酒店，索性入住，待入住后提袍甩袖来到民国建筑前。一种似曾相识之感迎面扑来。屋内圆形拱窗悬挂米色垂帘，旧迹斑斑的木质地板上铺就维多利亚式风格地毯，蓝色沙发、棕色留声机、白色壁炉，一架书柜靠墙，其中有各类书籍。

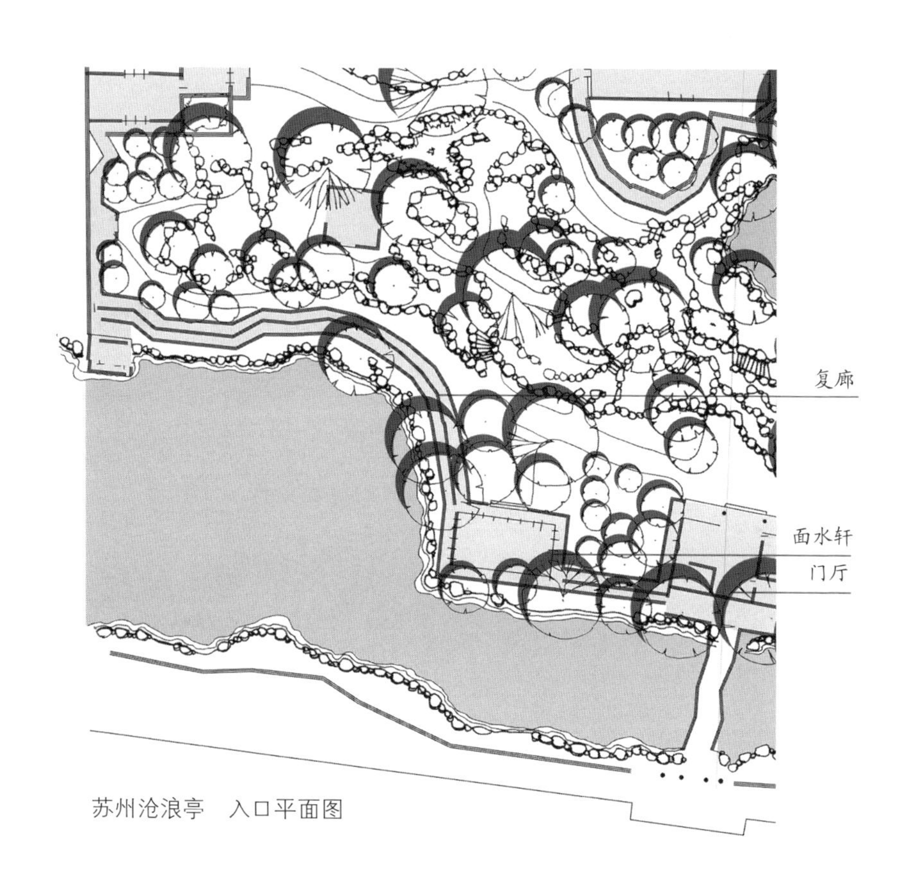

苏州沧浪亭　入口平面图

阳光透过窗帘斜照在木琴上，
空气发散着陈旧的味道。
透过落地玻璃隐约见园中绿意盎然，
一架留声机播放着《花好月圆》。
不知此建筑里有过多少瞬间，
轻轻走过地毯，
回眸依稀窗中影。

建筑中部民国建筑所特有的中空楼梯直通二层，缓步拾级而上，推开正中间的木质玻璃门扇，外部有一露台，露台栏杆是布满青苔的石柱，地面青砖苔痕斑斑，靠墙角落有藤制靠椅。我坐在藤椅上，全身放松，闭眼静想，阳光在眼前洒落，空气中弥漫着一股青苔之味。想想几个时辰前高墙之外期冀的我与此刻静想其中的我。苏轼写“笑渐不闻声渐消，多情却被无情恼”。我书：音缓曲扬寻声至，无情却被多情留。

中国园林与建筑就是这般有趣味。走廊，中间一墙，花漏窗，窗里春光明媚，窗外竹影晃动，一个窗一幅画，走过长廊就像在看一幅幅连环画般。中国园林的廊有很多种，敞廊、空廊、复廊、单廊、双层廊。最早的廊却是秦始皇发明的，他于上林苑中修建复道连接阿房宫。两层，上构架有顶过辇。复廊每个园林都有，比较有特色的是沧浪亭的外部复廊、怡园内复廊及拙政园东部与中部的复廊。

（一）沧浪复廊

苏州沧浪亭为宋代所建。沧浪亭与外部空间通过一复廊进行了巧妙隔离却又不失通透。山水之间以曲折的复廊相连，廊中砌有花窗，穿行廊上，可见山水影影绰绰。园以清幽古朴见长，富有山林野趣。池水萦回，古亭翼然，轩榭复廊，古树名木，内外融为一体。野逸素简，清幽雅致。

苏州沧浪亭　入口

苏州沧浪亭　面水轩

苏州沧浪亭　面水轩复廊

沿着面水轩复廊行，可以透过漏窗看到园内郁郁葱葱之景，在廊中还可见水面枯石树木倒影。中国小说诗词歌赋中偶遇就是在此发生。崔护偶遇人面桃花：“去年今日此门中，人面桃花相映红。人面不知何处去，桃花依旧笑春风。”“东风夜放花千树，更吹落，星如雨。宝马雕车香满路。凤箫声动，玉壶光转，一夜鱼龙舞。蛾儿雪柳黄金缕，笑语盈盈暗香去。众里寻他千百度，蓦然回首，那人却在，灯火阑珊处。”辛弃疾偶遇后“蓦然回首”。蓦然回首之后，又会是什么呢？贺知章《回乡偶书》偶遇的是乡愁：“少小离家老大回，乡音无改鬓毛衰。儿童相见不相识，笑问客从何处来。”而秦观偶遇付出的是真心与灵魂：“纤云弄巧，飞星传恨，银汉迢迢暗渡。金风玉露一相逢，便胜却人间无数。柔情似水，佳期如梦，忍顾鹊桥归路。两情若是久长时，又岂在朝朝暮暮。”有的偶遇是孤独。晏几道：“梦后楼台高锁，酒醒帘幕低垂。去年春恨却来时，落花人独立，微雨燕双飞。记得小苹初见，两重心字罗衣。琵琶弦上说相思，当时明月在，曾照彩云归。”还有一种偶遇叫“一见钟情”，纵然被弃，也不会后悔！韦庄：“春日游，杏花吹满头。陌上谁家年少？足风流。妾拟将身嫁与，一生休。纵被无情弃，不能羞！”人生除了偶遇人还可以偶遇风物，融情于物，偶遇一丛竹，一只小鸟……

中国园林的廊通过空间的隔离与连接在景致的引导下通往每一个壶中天地，一片自然山水就是一幅心灵的画卷。透过那一个个漏窗所看到的世界不仅仅是外在的景致趣味，更是心灵的趣味。在廊中可游可思，可行可伫，与自己的心灵一起游弋，穿梭在时光的走廊中，通向一幅幅妙趣横生的画卷。心远天大，没有什么可以阻隔。我就这样走在复廊中，神游着。阳光透过漏窗、花窗，石榴影子洒落在我白衬衣上的时候，一切停住了，一种情绪无名升起。良久我淡淡一笑之后离开，心里留下了这片阳光。神游之后画沧浪亭复廊。

沧浪亭偶遇

软草长廊面水轩，
残照石山沧浪亭。
隔窗蕉石疏影竹，
花窗光落细草间。
轻拾枯叶抬头望，
石榴影浮白衣游。

苏州沧浪亭 园内复廊

苏州沧浪亭　明道堂

（二）怡园遇石

苏州怡园由东门进，小院中即四时潇洒亭，过小亭白石精舍到锁绿轩有一圆门。过圆门进入主园内部。此后有一复廊蜿蜒曲折伴水而设，可经此廊到达全园主堂藕香榭。此复廊朝内可观水景疏石假山，一派山水壶中天地，朝外可以观一建筑围合方正小院，小院内有石雕莲花缸一组。复廊高低起伏，依地势而建，或远水或近水。透过参差不齐的植物可见藕香榭外浮水折桥越水而过，远景是山石小亭，景观高低层次丰富，将整个怡园主景营造得远高近疏。怡园内假山石很多，或立或卧或仰或伏，或对景或成组或孤立或散置或堆叠，是一幅生动的园林石景大观。

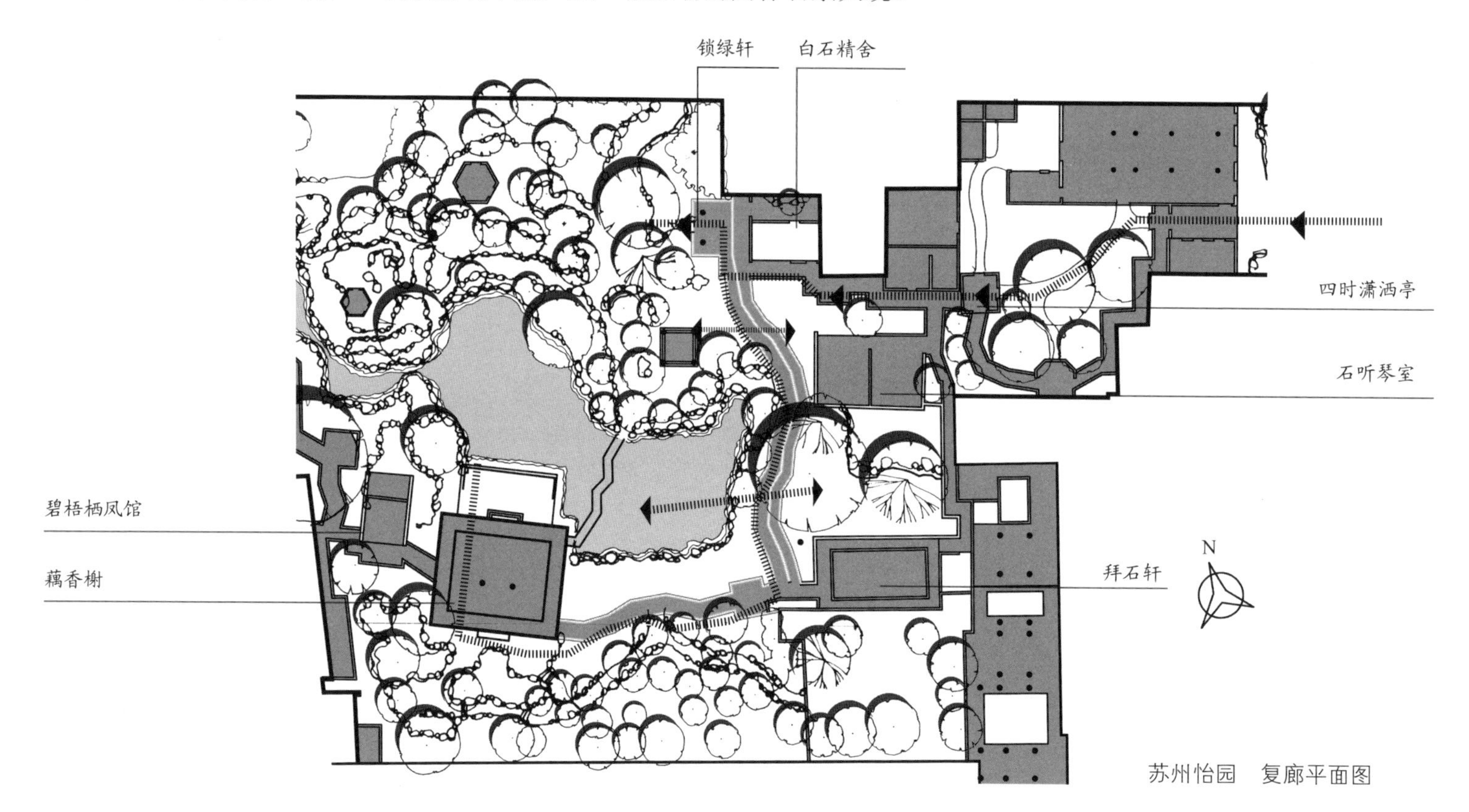

苏州怡园　复廊平面图

苏州怡园　圆门

怡园藕香榭挂一联：“占一年好景，数朵奇峰，经卷熏炉，谁与赠洞霄仙侣。拟招隐羊求，寻盟鸥社，绿蓑青箬，人道是烟波钓徒。”译意：占一年中的好景致，几朵奇峰峭立，熏香的炉子和经书几卷，谁替我赠给洞霄中的仙人伴侣呢？应该招羊仲、求仲（汉代隐士）来此隐居，与鸥鸟结盟交友，穿着绿色的蓑衣，戴上青竹编的斗笠，人们称我是水波渺茫如雾笼罩的湖中一个钓鱼翁。此联反映了士大夫钟情山水、乐逸自然的雅致，以及对隐逸山林清高生活的追慕。

怡园复廊有一处正好处于两丛植物之中，可见纵深的远山水石、折桥及藕香榭，折桥一端连接藕香榭平台，另外一端接石山，仅能通行一人。我坐于廊石栏上，看着人们在石折桥上或拍照，或来往，反反复复，过往不息，在湖光山色之中，自觉有趣。一个人逛园林如同栖鸟一般，或立或飞或停或观，时间就这样过去，画一画长廊以记录此静里春秋。

苏轼有诗谓：“无事此静坐，一日是两日。若活七十年，便是百四十。”淡泊、平淡、平和，一切都是寂静的，在静止的时间里，水似不流，云似不动，沉默的山石，幽怡古木，静绝尘氛，永恒油然而生。这样的感觉如同我做腾冲云峰山石头纪酒店景观设计一般。云峰逸境缥缈虚空，静里春秋。千年不过此刻，太古不过当下。“天游”，放下心与万物看。南田曾描述，目所见，耳所闻，都非吾有，身如槁木，迎风萧廖，傲倪万物，横绝古今。

于园林之中漫步，目光透过花窗，拂过浅草，遇天地，遇落叶，遇光影，遇上自己心中的另一个我，迎风观雨，轻步快意，乐哉！画一画远山近石枯枝。

苏州怡园　复廊

苏州怡园　藕香榭　静里春秋

二、半亭春秋

“小亭为爱依青壁，野色当窗指点看。”

一半亭一墙一照壁，凭栏观景，月下迎风，低头鱼游，往来不羁，在半亭之中静里观花，一泓池水吹皱。半亭，一个内向的观望之处。

中国园林中的半亭挺多的，一般靠墙壁设置，单面或三面对景。敞亭全露，而半亭有了墙和壁，可以有一种庇护感。从人的心理分析，人们比较喜欢坐在背后有遮蔽的地方，至少后背脊梁不会冷。半亭出现的地方主要有以下几处：（1）建筑端头处对园林景观，此处设置一半亭在整体建筑形体连接上起了终点、休止符或起点的示意作用，像这样布局的有网师园射鸭廊、拙政园东中部交接处；（2）建筑山墙端设置，目的使建筑端头侧的小庭院紧凑，将亭放在建筑山墙端形成半亭比单另设一亭要好，空间整齐划一；（3）建筑廊转折之处，设半亭三面临空，对景轻巧既隔又敞。半亭使用得当，就像音乐里的休止符一样转折再起。

（一）网师园射鸭廊

网师园在一系列建筑空间之后是射鸭廊。中国古典园林一般分为建筑居住部分和景观部分，每当建筑院落通向景观院落都需要考虑建筑的延续和休止的关键设置。射鸭廊就这样产生，起到建筑轴线终止，转承园林空间的作用。

水阁式建筑半亭射鸭廊，南临空亭，东倚山墙，西凌绿波。名称源自唐代诗人王建“新教内人唯射鸭，长随天子苑东游”诗意。射鸭是古代一种射击类游戏，流行于唐、五代时期，一般在水上进行。这一游戏的规则是将木制的鸭子放在水面上漂浮，比赛者轮流用弓箭射之，中者为胜，盛行上千年。射鸭取乐之廊，是旧时园主品茗雅集之处。现在人们常用“桃弓射鸭”这一成语来形容隐士的闲逸生活，苏轼《读孟郊诗》之二有云：“桃弓射鸭罢，独速短蓑舞。”这条短短 5 米多的小廊，北接竹外一枝轩，南连空亭，与曲折长廊有异曲同工之妙。从内部看，亭、廊、轩如一整体，从外面看，亭则亭，廊则廊，轩则轩，各具特色，极为分明，这是园林建筑中参差曲折、错落疏密的多变艺术效果。从水面折桥看射鸭廊建筑构图最好。

那年我一人去苏州出差顺路去网师园，一群外国人在园内参观，人人饶有趣味地观看。其中有一个老太婆靠在射鸭廊的外廊休息，神情悠然，面带笑容。我本来希望拍一个无人景，看着她满心喜悦，于是悄悄拍了下来，多年后拿出来看倍感精神。

苏州网师园　射鸭廊

苏州网师园　竹外一枝轩外廊

苏州网师园 石桥

我从三个角度分别画了射鸭廊，一是在月到风来亭；一是在竹外一枝轩外廊外；一是在石折桥上。三处景致都可以看出射鸭廊起到了一个转承的作用，建筑轻巧虚实结合。中国园林之布局如音乐般和谐，其实建筑空间就是一首音乐。《建筑十书》里外国人还把建筑当作每个音乐的单元来研究。园林是一门艺术，与绘画、音乐、哲学、美学密不可分。逛园子，就像在看一幅画，听一首诗、一段曲，身心全部放松，放逐自我，给自己一个角落安放属于自己的世界。哪怕这个角落只是一个空隙，也足够了。

（二）知鱼鸟跃

无锡寄畅园知鱼槛也是一个半亭，接着一个水廊形成一组槛廊园的空间。在知鱼槛的墙后有一四周围合小院，六边形窗旁种植了绣球花，花开繁盛，挑出窗外，让每一个经过此处的人不禁立足观看。

知鱼槛的外挑美人靠是全园近水之处，旁植大树与对岸的斜枫夹水而生。有一小鸟在美人靠的栏杆上跳来跳去，旁若无人，十分可爱。槛后从一园墙出，可达涵碧之处。知鱼槛位于全园的中部，在狭长的水景中间可北望蹈和馆，南观先月榭，建筑轻巧，歇山式屋顶。知鱼之意前已说过就是游鱼之乐，与濠濮间一样来源于庄子。“涧外秋水足，策策复堂堂。焉知我非鱼，此乐思蒙庄。”（明•秦耀）。知鱼槛的粉壁悬挂刻字的清水楠木屏，知鱼槛一额，为张辛稼所书。知鱼槛与鹤步滩夹峙收束，分割锦汇漪为南北两个水域，打破了水池的狭长感，形成一个宁静疏朗的休止空间。寄畅园的案墩假山是按园外惠山的余脉来堆叠的，它作为中间介质，既丰富了山的层次，又是将惠山联系入园的过渡点。知鱼槛闲坐，凌风伴水，倚栏观鱼，山影、榭影、花影、云影、鸟影、鱼影，一一入画，一一留声，"微风拂漪敛波，静好春秋知鱼乐"。春天去绿意苍翠，下次秋季去，可以看到秋季万红之美。知鱼槛边有临水茂树攀藤花枝，幽香飘洒廊中，疏落的阳光透着常春藤的翠绿和绣球的皎洁。清朝的康熙和乾隆皇帝先后各下江南六次，有七次都来到了无锡的惠山古镇，每次到来都一定会去寄畅园。

槛接长廊，廊中有一处放置石桌，名曰郁盘，是乾隆皇帝下棋之处。六角小亭"郁盘"亭，取自王维"岩岫盘郁，云水飞动"之句。亭中古朴的一座青石圆台和四个石鼓墩为明代秦氏家遗物。民间传说清朝惠山寺有位老和尚，棋艺高超。乾隆游惠山时，便和他在青石圆台上对弈。结果，乾隆连连得胜，心想：我的棋艺远不如老僧，无非我是皇帝，他不敢取胜罢了。乾隆郁郁不欢，后人就把此石台取名"郁盘"，亭叫"郁盘亭"。郁盘亭向北的长廊称作"郁盘长廊"，墙上漏窗外竹石花木若隐若现。这里的廊柱特别高，长廊也特别高敞。在廊内举目四望，"锦汇漪"对面的高大树木以及惠山一览无遗。

知鱼槛静里春秋，无限美好。倪云林写道："何人西上道场山，山自白云僧自闲。至人不与物俱化，往往超出乎两间。洗心观妙退藏密，阅世千年如一日。"山静日自长，千年如一日，永恒。悠闲淡然不为物累不为所羁，自在潇洒，漂流各方。故画中有一小人甩袖清影，代表我的"天游"。站于知鱼槛对岸浮岛，古树横斜，我立于此良久，看着水中之倒影清澈，偶有飞鸟掠过水面。寄畅园是一个以静景为主的园子，古木、浮石、枯枝、槛影、水植、人影，在这片寂静之中画一画这棵斜树，也许它都被这番景色打动，不自觉地低身自照，自我欣赏自娱自乐。我喜欢这棵斜树，洒脱、率真、不拘。画一画，记一记。

苏州网师园

知鱼槛静里春秋

苍木横斜碧波卧，
白石浮仰空翠沉。
千叶浸露粉壁空，
一叶飘零静里春。

（三）留园凭栏

留园沿着水面有几个地方可以凭栏，凭栏之处给人一种观望气韵之感。所谓气韵便是一种活泼泼的生命感。中国艺术以气韵生动为尚，而园林中凭栏之处就像一个观望气韵的窗口，让人在园林的节奏中激荡，体现出一种精神。所谓“气”即天地之真气，“韵”即形式中蕴有的音乐感。凭栏便是感知气韵。《说文》中将“气”解释为云气的象形符号，把大自然中实存的，可以通过感观把握的对象称为“象”或“形”，那些缥缈不定、若有若无的对象，如风、云、烟、雾、气息、气味等，往往被称为“气”。中国哲学认为人的自然生命的气息，也具有物质的成分。在《庄子》中气是一片虚灵空廓的心灵。中国艺术家造园的重点是以性灵之气吞吐大荒，以灵性的眼抚摩万物。凭栏之处坐观万象，可以是亭、榭、轩、廊等。收纳万物之气于一亭，于一亭仰俯万物。这就是一个气口。故造园气口留在哪里？何处凭栏很重要，处处凭栏便无凭栏之境。谐趣园饮绿、拙政园雪香云蔚亭及倚玉轩外廊、网师园射鸭廊及月到风来亭、寄畅园知鱼槛和先月榭、怡园则石山上的亭等便是气口。

逛园子，需先游其园，然后于气口去静观，以此为中心感悟宇宙之气、人间之气，妙悟其韵味，收天地之精华，吐胸中之晦气，去不快得天趣。赏玩是心灵的放逐，在放逐中得到自身的自由精神，带着这份精神澄怀自观。心灵和精神的干净既是一种天赋也是一种修养，这样的修养可以使人看得远行得正。清人钱泳《履园丛话》中说：“造园如作诗文，必使曲折有法，前后呼应。”层层推开，前呼后应，此起彼伏，此谓园林之妙也。我觉得造园更重创造“气韵”之所。

无锡寄畅园　知鱼槛（一）

必先了解用地之特质，感其精神，因地制宜，构思“气韵”的来去，得“气韵”的表象，也许是空蒙，也许是老境，也许是空山；得此“气韵”便通过筑山理水将“气韵”层层铺开，骨架形成后经营建筑位置，设置轴线及隐含的关系，找到气口，于气口处营造“气韵”。

无锡寄畅园 知鱼槛（二）

无锡寄畅园　知鱼槛（三）

苏州留园　凭栏处

三、与谁同坐

“闲倚胡床，庚公楼外峰千朵。与谁同坐，明月清风我。别乘一来，有唱应须和。还知么？自从添个，风月平分破。”

——苏轼《点绛唇》

“明月清风我”“风月平分破”。园林容纳天地万物，人在其中赏玩，融物于情，“举杯邀明月，对影成三人”，何等的洒脱。我才来而已，而他们已经在这里很久了。逛园子，可以净化心神，空灵、淡远，与天地和谐。

逛园子，逛天地，与谁同坐？心之所向，可以与日月与清风与本真的自我同坐。去逛一逛拙政园与谁同坐轩、网师园看松读画轩。一个人不只是在顺利的环境之中完成自己；更是在困难的环境之中，也一样能够完成自己。人生需要有一刻赏玩的余裕。在艰苦患难之中，保持一种赏玩的心情，去获得此生的真我。

为什么苏轼除了风月只与自己同坐？认真揣摩一下。“缺月挂疏桐，漏断人初静。谁见幽人独往来，缥缈孤鸿影。惊起却回头，此恨无人省。拣尽寒枝不肯栖，寂寞沙洲冷。”“拣尽寒枝不肯栖，寂寞沙洲冷”表明了苏轼的政治立场，为孤鸿，坚守自己的操守，即便是在人生最大的挫折前。在逆境中坚守自己，这是一种很难能可贵的奇志。与谁同坐？清风明月我。不仅是一种悠然清风月下的洒脱，更有一种将自己放逐到底，不随波逐流的孤鸿之感。苏轼融会贯通，寒夜里惊飞孤鸿，胸中万卷书意，去除尘俗，令人敬佩。

看看园林中与谁同坐轩。依水而筑，构作扇形，其屋面、轩门、窗洞、石桌、石凳及轩顶、灯罩、墙上匾额、鹅颈椅、半栏均成扇面状，小巧精雅，别具一格，故又称作“扇亭”。人在轩中，无论是倚门而望，凭栏远眺，还是依窗近观，小坐歇息，均可感到前后左右美景不断。此扇形建筑的来历为，清末苏州吴县富商张履谦购入拙政园现在的西园，当时称为补园，据说为了纪念祖先制扇起家的历史，特斥资修建了这一扇形轩。张家后代也都爱扇成癖，用精心策划、刻意安排来形容他们的修建过程一点不为过。其扇面两侧实墙上所开的两个扇形空窗一个对着倒影楼，另一个对着三十六鸳鸯馆。而后面面山的那一窗中又正好映入山上的笠亭，而笠亭的顶盖又恰好配成一个完整的扇子。轩内扇形窗洞两旁悬挂着诗句联“江山如有待，花柳自无私”，为清何绍基题写，款署为“媛叟书于吴门”，出自唐杜甫《后游》诗：“寺忆新游处，桥怜再渡时。江山如有待，花柳更无私。野润烟光薄，沙暄日色迟。客愁全为减，舍此复何之？”意为“美好的江山正等待着人们再度登临，花柳无私地呈现出它的色彩风姿”。该轩题额为清姚孟起的隶书“与谁同坐轩”，款署为“凤生姚孟起”，取意宋苏轼《点绛唇·闲倚胡床》词：“闲倚胡床，庾公楼外峰千朵，与谁同坐？明月清风我。别乘一来，有唱应须和。还知么，自从添个，风月平分破。”苏轼的人生空幻、旷达。优游林泉，流连山水，希求超脱。孤芳自赏，与明月清风为伍。孤高、清逸、空灵。

“与谁同坐，清风明月我”体现了以境显理。王昌龄《诗格》说诗有三境，一是物境，二是情境，三是意境。物境让世界原模原样显现，如苏轼的清风、明月、我。从古至今文学家我最喜欢的就是苏轼。苏轼一生颠沛流离，从他的诗作里可以看到其高远之风。

叶嘉莹《北宋名家词选讲》讲了苏东坡的另一首小词《定风波》，这首小词里也表现了他的情趣和哲思。“三月七日，沙湖道中遇雨，雨具先去，同行皆狼狈，余独不觉。已而遂晴，故作此。”那一天，他们在去沙湖的路上遇到了雨。他们本来带着雨具，但途中觉得不需要就先叫人拿走了。现在下起雨来，同行的人就显出很狼狈的样子，因为他们的心就被雨给打乱了。苏东坡说：“同行皆狼狈，

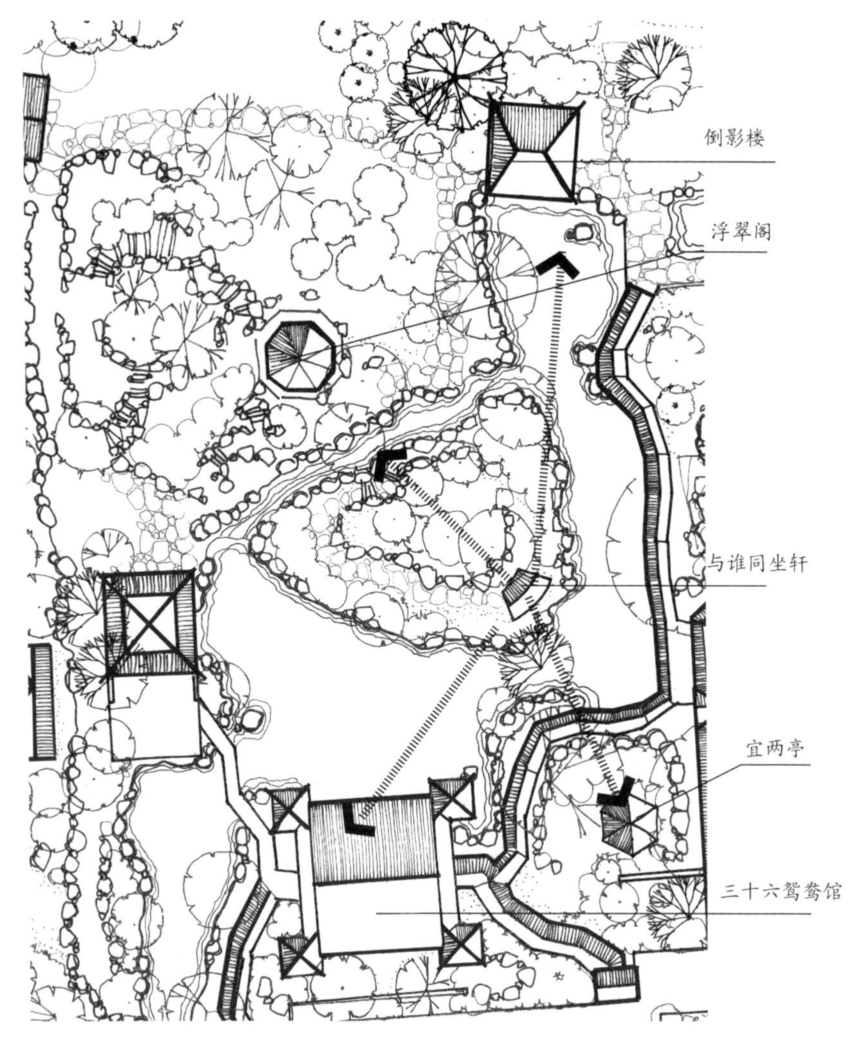

苏州拙政园　与谁同坐轩（一）

余独不觉。已而遂晴”，苏东坡的旷达在于此，从容不迫，达观、超然。“莫听穿林打叶声，何妨吟啸且徐行。竹杖芒鞋轻胜马，谁怕？一蓑烟雨任平生。料峭春风吹酒醒，微冷，山头斜照却相迎。回首向来萧瑟处，归去，也无风雨也无晴。”

叶嘉莹评：“这第一句就写得好，很有哲理性。要知道，天下有很多事情，你的紧张并不能使它有所改变，你只是白白地紧张而已。所以在你自己的心里要有一种——从宗教来说是一种定力，从道理来说是一种持守，这是很重要的一点。下雨是一件小事情，这不过是自然界的风雨。但是，你生活在人世间，人生的遭遇不也是风雨吗？无论是在大自然的风雨之中，还是人生的风雨之中，都需要有一份定力和持守，才能站稳脚步，不改变你自己的品格和修养。这首词写于苏轼被贬黄州的第三年。苏轼和大家一起出游，中途遇到大雨，众人狼狈躲雨，唯有苏轼不以为意。在风雨之中仍然我行我素，一蓑烟雨任平生，不畏坎坷超然情怀。真潇洒。自然界的雨晴既属寻常，社会人生中的风雨、荣辱得失又何足挂齿？想一想，我所遇到的事情比起苏轼来说这不是什么，故而有何理由不在雨中赏玩？有何理由不轻摇小扇说声罢了！”

浮世之中顿挫难免，可有几人能抱有赏玩的心态去面对沟壑？在雨中看景，看透的却是心境，在雨中赏玩，却洗涤心灵。艰难困苦之中以淡定、达观、超然的态度持守住信仰，披着自己的蓑衣，穿着自己的布鞋，在困顿之中的所得才是真正的收获，这样的收获不需要别人的评判，因为收获的是一份真心，获得的是一个真我。画一画清风明月我，遥寄苏轼。

一蓑烟雨任平生，困顿中的洒脱。感知自然，即便是艰难困苦，那也只是一场雨，一阵风。平生怀着信仰，在艰难中洗涤心灵，从而去获得此生的真我。不负那双布鞋与蓑衣。

苏州拙政园　与谁同坐轩（二）

南京瞻园

南京瞻园　断尾猫

苏州怡园 小院

某小园

第四章　枯　木

——冷寂的永恒

一、大巧若拙

二、枯藤老境

三、野逸苍茫

“不须更说能生慧，枯木寒灰也自奇。”

枯藤、老树、怪石、残荷、顽石，透射着中国人独特的美学思想。书法家对老境的低吟，画家对枯笔焦墨的挥洒，文人守拙，枯槁残破为诗品。大巧若拙是中国美学的一大特色，也是中国园林之中蕴含的美学精神。拙即天道，在大巧若拙中去体味园林之道。

一、大巧若拙

“笔之用以月计，墨之用以岁计，砚之用以世计。”

笔最锐，墨次之，砚钝也。守拙，钝就是拙，钝是安顿之道，生命之道。园林中东方的人将枯槁作为美，拙即天道，大巧若拙，体现崇尚自然的中国美学。逛一逛深山古寺、荒山瘦水，在枯石老木中顿悟人生。

枯木怪石、枯藤老境、野逸苍茫，园林之中的老境很有韵味，天成于人间。庄子说“以道不以巧”。老子说“慧智出，有大伪”。老子认为文明发展就是追求巧的过程，而巧是对人本真状态的破坏。应该舍去心机，与世界同在，用智慧滋养生命，体验生命的真理与理性。

（一）朴素之境

那年我去留园，园中景致十分精巧。就在柳暗花明之中，我走入东部一片山林，一亭（呼啸亭）立于山中。古木参天，虬枝盘旋，一种古逸之感扑面而来。此处较为偏远少人，山上林木繁茂，古树较多，岩石伴树别有趣味。顺着岩石跌宕，下一建筑走廊沿高墙布置。夏日本色空翠，从参天树木枝叶之间隐约看到活泼泼建筑，偶尔一两人从廊中走过，风吹树叶沙沙之声，令人神清气爽。留园其实就是个特大迷宫，在迷宫中走得头昏眼花，此处真乃“天趣”，无语名状。远处高墙攀缘植物或明或暗，翻墙而越，一副耐不住墙外热闹姿态；墙下单廊旧瓦屋檐斜挑，夏雨欲滴，杂草稀疏间隙而生；廊中粉壁偶有青苔其上，偶有破砖裸露，荫蔽绿野；廊前浅草深木，内植有丛生梅花，花下灌木葱茏，没及膝盖；远近树木杆细高挺，树叶飘洒，或横枝或斜枝，似低声言语，分枝交搭，直至山脚；山脚岩石大小圆钝跌宕布置，间有蕨低头匍匐；岩中石砌磴道蜿蜒曲折，顺山而上，其中高木落枝拂之；蹬道至顶，乃一接天之台，吾立于此，向下四观，意趣无穷；台中华盖大树虬根悬地而出，宛若欲拔地而去，空中无限枝叶蔽日，阳光洒落天外，问琼楼玉宇比之如何？夏日蝉鸣阵阵，“悄悄山郭暗，故园应掩扉。蝉声深树起，林外夕阳稀。”“蝉噪林愈静”，我将自己放逐至此足矣。寻一棵树下静坐，如饮琼浆，里外清空，神思齐明，书一游记，画一幅画，意犹未尽，忽忆李白“且放白鹿青崖间，须行即骑访名山”，白鹿何在？白鹿在心，随风而去。飘乎乎，树下一梦，梦醒得画，真乃“天趣”也。作诗一首，以记此朴素之境。

留园墙外

穿廊走阁窗重重，
转山绕水门隐隐。
斜枝高墙探影曳，
何处幽境踏露寻。
古道蹬石暗暗阶，
拙石顽岩明明山。
苍木林中浮云游，
琼台疑似非人间。
古拙苍空野草廊，
轻盈空灵岩中烟。
若非老翁远廊除浅草，
还道谪仙白鹿匿此山。
披风踏露孤游深林间，
野客只看留园苍蛮处。

立写于 2019 年 4 月

苏州留园呼啸林　活泼泼地（一）

苏州留园呼啸林　活泼泼地（二）

苏州留园呼啸林 活泼泼地（三）

（二）恬淡归真

中国人是在枯中见活，日本人是在枯中见寂。一段枯木，中国人看来预示着春天的引子，而在日本艺术家看起来就是死寂的永恒。日本龙安寺方丈庭园是枯山水庭园，几块石头，白砂如海，死寂到底时间消失了，一切变成空寂永恒。在永恒之中自看树叶飘零。陈从周说“近代园林满口金牙”。苔痕是历史的沉淀，“棕榈花满院，苔藓入闲房。彼此名言绝，空中闻异香。”苔痕显示野趣，显示古朴稚拙。苔痕在中国园林中恬淡归真。

留园有一座石山，石山脚下正巧有块顽石光滑，坐于其上从疏林瘦石间看到留园建筑外挑水榭，苔痕深深，在旅游旺季里，此处无人，一片静寂。我逛园子其实就是寻一安静之处，特在此拍摄一张，而后画之。

在中国艺术中，存在着赏玩青苔的心理。赏玩青苔就像诗人赏玩残花一般。青苔攀于树上，生于石隙，覆于水池，代表着过去的时间，是历史沉积。元代画家倪云林说：“千年石上苍苔碧，落日溪回树影深。”写得多好，千年苍苔，落日树影。千年尘埃落于虚无之中。一切都会逝去，一切都会不断被摧毁，留下青苔。有一年我去圆明园，圆明园遗址公园内，残垣断石上覆青苔，还有很多石雕盆随意放置在一个小路上，小路铺满了秋日落叶，石盆残破，常年雨水存于其中，盆里苔痕斑斑，石盆基座也覆满苔痕。如果有茶一杯，此处饮茶岂不妙哉！昆明翠湖旁讲武堂，我经常在清晨或傍晚去那里。为什么要去那里呢？那是一个我自己心灵回归的地方。民国时期建筑围合在四周，中间一个有枯草的操场，我一般坐在操场边石凳上，看着空旷的操场野鸟飞翔，有时群起而飞，有时跳跃。就在操场的边上散布着很多石块，有的刻字有的刻图案，每一块均是当时建筑遗留下来的，苔痕密布。讲武堂有三个景最美，其一是阳光下松柏后的黄墙上民国建筑的窗子，细长，雅致；其二是操场枯草中的野花，苍茫野逸中的生命力量；其三是遗石上的青苔，有种低头含蓄的意思。讲武堂建筑空间其实就像一个巨大的零，我常于零处奔跑，把自己浮躁的心一次次归零。青苔留在心里，这个世界已然存在万年，我却刚来而已。看天地，看自己，归来写、读、画。

苏州留园　山林

寄畅园苔痕青青，是一个处处有诗意的园林，我站在寄畅园一个拱形的石桥处，看着苍松高耸，下有溪石青苔，就像一幅画。我久久立于此处，不禁想起“藏巧于拙，用晦而明，寓清于浊，以屈为伸”。兴起画之，画中自有千言万语。

无锡寄畅园 凤谷行窝

二、枯藤老境

“丑到极处，便是美到极处”，老，在中国艺术中代表一种崇高的艺术境界。老境意味着成熟，意味着天全，意味着绚烂、厚重、沉稳、古拙。中国园林中的枯木怪石，投射着美学与哲学。于枯槁之中体味平淡与艺术之理。

朱良志说：中国书法提倡生、拙、老、辣，与其相对的是熟、巧、嫩、甜。生和熟是一对概念，中国艺术厌恶熟，熟即俗、甜、腻，这样的书法有谄媚之态。中国绘画也是如此，“画须熟后生”，“画须熟外熟”。熟外熟，就是熟外生。书法是一门艺术，体现创造性，将自己感知的世界体现在笔法之上。自己心灵的东西最根本，书道不仅仅追求美，绘画也是如此。中国艺术有四品：一是逸、二是神、三是妙、四是能。逸品就是自由自在，不受法度限制，天真质朴，这是书法最高境界。艺术是相同的，绘画、园林亦如此。

（一）枯木怪石

中国园林之中枯木怪石很多，我觉得比较有趣的是怡园的怪石。留园的怪石也较多，不过有些体量雄壮之感。

怡园在苏州园林中建造最晚，得以博采诸园之长，形成其集锦式的特点，布局紧凑，手法得宜。怡园为清同治十三年（1874年），浙江宁绍台道顾文彬以所得明尚书吴宽故宅复园废址始建，至光绪八年（1882年）全园建成。园名“怡”取“兄弟怡怡”之意。全园面积约9亩，东西狭长。园景分为东西两部，中以复廊相隔，中部堆叠山石，建筑群落沿周边经营。

廊壁花窗，联系东西景色，复廊我之前已经讲过。廊东庭院建筑为主，曲廊环绕庭院，缀以花木石峰，从曲廊空窗望去宛如一幅幅中国连环画。廊西为全园主景区，水池居中，环以假山、花木及建筑。中部水面集中，东西两端狭长，建曲桥、水门，以示池水回环、涓涓不尽之意。池北假山，怪石林立，山虽不高而有峰峦洞谷桥涵，宛如真山水，树木山亭相映，林木森森，亭轩洞壑俱备。

怡园造景复廊贯穿，纵横南北。假山独有趣味，山石植物结合，不显得过硬也不过繁。旱船拜石轩（又名：岁寒草庐）为怡园东园主要建筑，宋代米芾爱石成癖，见怪石即拜，传说有“米颠拜石”，此轩北面庭院多奇石，故名“拜石轩”。轩南面天井遍植松柏、冬青、方竹、山茶，皆经冬不凋，凌寒独茂，故又称“岁寒草庐”。方竹为怡园特色之一。今在拜石轩内可听苏州评弹及古曲演奏，也是怡园特色之一。旧时斋北为一片松林，绿溪种樱桃、紫薇、石榴、梅杏之树，花开四时不绝，落英缤纷，松荫满径，为园中最幽处，曲园先生摘司空表圣句书匾额：“碧涧之曲，古松之阴”。楼阁上听松涛声最宜，故名“松籁阁”。

苏州怡园　六角亭

怡园廊壁上嵌有历代书法家王羲之、怀素、米芾等书法刻石101块，称为“怡园法帖”。集中分布处为西部“画舫斋”南侧长廊上。单单“玉枕”兰亭、东林五君子书册两件，就是罕见的珍藏。其中的《兰亭集序》刻石是“玉枕”兰亭。相传王羲之《兰亭集序》墨迹已在唐贞观二十三年（649年）为唐太宗李世民殉葬。宋时贾似道得到与真迹无二的用纸蒙在墨迹上临摹的摹本，由工匠花一年半时间精心镌刻在玉枕上，保存了王羲之真迹。此刻石就是据宋拓本钩摹复刻的，十分珍贵。

现如今怡园已经成为苏州人民的会馆、照相馆、茶馆。一方百姓于其中其乐融融。我走入其中，看到几处景致结合石头造景，古朴怪石林立，有一番老境天成之感。一处怪石高耸一桥越过，通往林下六角亭，石下蕨类植物丛生，别有一番幽深之意味。

在山石之中向藕香榭看过去，远景建筑长廊在近景树木的疏影之后，两怪石瘦、漏、透，石头空隙气韵往来，甚是有趣。

从藕香榭向远处山石看过去，远处一怪石立于藕香榭一侧，与大树相随相伴。远景一幅山水草木之景，站立之处有长廊座位可坐。挥笔画之。

苏州怡园 怪石框景

苏州怡园　藕香榭

苏州怡园

无锡寄畅园

（二）宁拙勿巧，宁丑勿媚

庄子行于山中，见大木枝叶茂盛，伐木者止其旁而不取也。问其故，曰："无所可用。"庄子曰："此木以不材得终其天年。"夫子出于山，舍于故人之家。故人喜，命竖子杀雁而烹之。竖子请曰："其一能鸣，其一不能鸣，请奚杀？"主人曰："杀不能鸣者。"明日，弟子问于庄子曰："昨日山中之木，以不材得终其天年，今主人之雁，以不材死；先生将何处？"庄子笑曰："周将处乎材与不材之间。材与不材之间，似之而非也，故未免乎累。若夫乘道德而浮游则不然，无誉无訾，一龙一蛇，与时俱化，而无肯专为；一上一下，以和为量，浮游乎万物之祖，物物而不物于物，则胡可得而累邪！此神农、黄帝之法则也。若夫万物之情，人伦之传，则不然。合则离，成则毁；廉则挫，尊则议，有为则亏，贤则谋，不肖则欺，胡可得而必乎哉！悲夫！弟子志之，其唯道德之乡乎！"

一棵怪树、丑树、无用的老树，庄子说"散木"，正因其"不材"、无用，得以天全。苏轼继承庄子的思想，认为守拙方能更好过活，在空而无用之中才能尽其天年。苏轼曾画散木，"外枯而中膏，似淡而浓""绚烂之极，归于平淡"。中国哲学认为：稚拙才是巧妙，巧妙反成稚拙；平淡才是真实，繁华反而不可信；生命的起点孕育着希望，生命的极点，就是真正衰落的开始。把自己归零，随时从零开始，从极点开始。《菜根谭》写道："文以拙进，道以拙成，一拙字有无限意味。如桃源犬吠，桑间鸡鸣，何等淳庞。至于寒潭之月，古木之鸦，工巧中便觉有衰飒气象矣。"说的是文章讲究质朴实在才能长进，道义讲究真诚自然才能修成，一个"拙"字蕴含着说不尽的意味。像桃花源中的狗叫，又如桑林间的鸡鸣，是多么淳朴有余味啊！至于清冷潭水中映照的月影，枯老树木上的乌鸦，虽然工巧，却给人一种衰败的气象。

自然真实，要达到拙的境界，需熬到老境。中国书法及绘画艺术以拙取胜，不在乎形式美，放弃目的、理智、欲望的追求，以心去"遇"——无意乎相求，不期然相遇，而不是去"即"——孜孜以追求。素朴天下莫能与之争美，大巧若拙突出中国哲学与天为徒的思想。拙之境只能在不断的实践中去贴近，去靠拢，为自己树立一个理想。思之，画之。

留园在一个小院落的尽头，有一组小景，人从高墙门口忽而出入，石景成了画中屏障，人从老境之中而来，去往何处？

无锡寄畅园内有一条过水石桥，石桥细窄，桥面凹凸不平，越水而置，通向林木盛景。

苏州留园

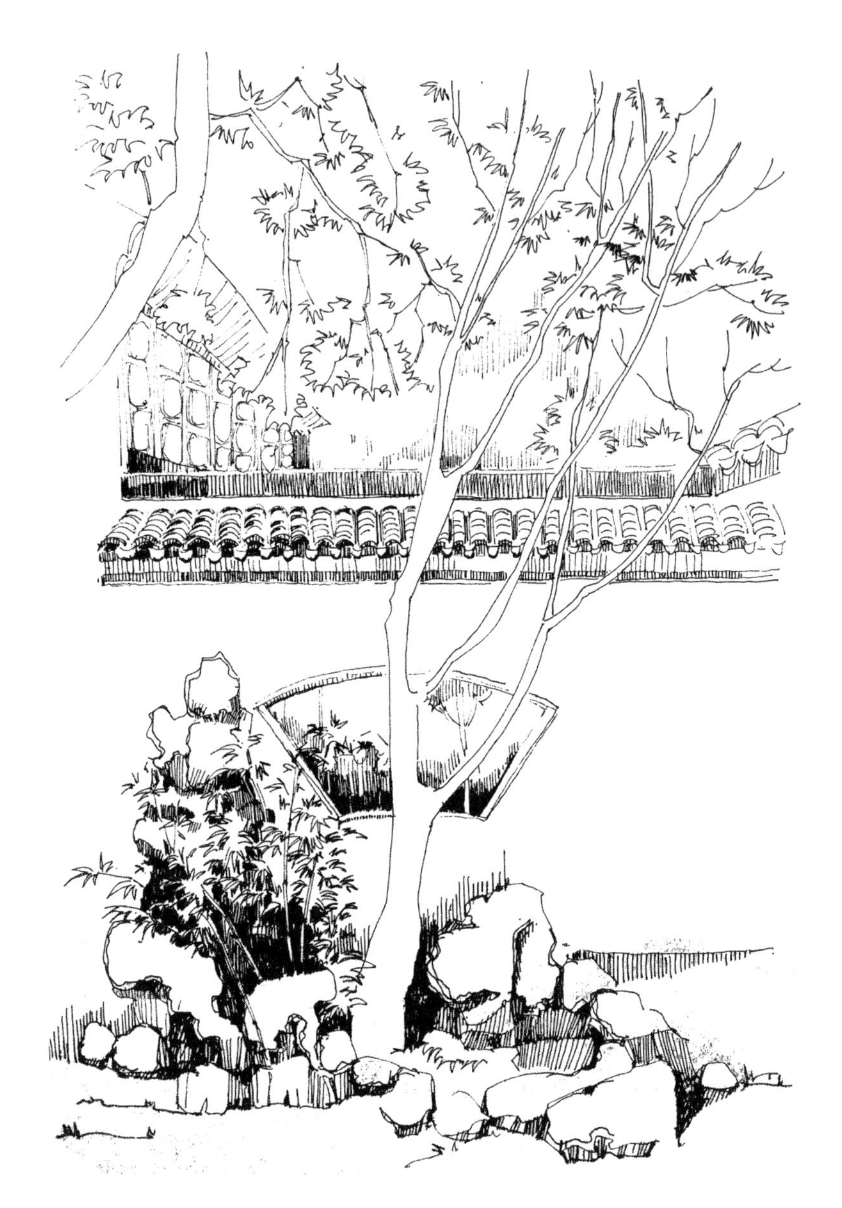

无锡寄畅园

三、野逸苍茫

“大漠垂野，枯壁悬花。泉流涧底，趣趣天涯。钓竿拂处，夕阳晚霞。孤舟澹荡，无人不嗟。狂笑震霄，豪不可赊。月桂清辉，夜半还家。”

诗二十四品中如此写野逸。一枯木老境，野逸苍老中自带洒脱，园林之中野逸苍茫给人洒脱清逸、飞草流云之感。

中国绘画有“野逸派”，宗师徐熙[①]，五代南唐画家。他常游山林园圃，细察动植物情态，所作花木禽鸟，形骨清秀，独创“落墨”法，用粗笔浓墨草草写枝叶萼蕊，略施杂色，使色不碍墨，不掩笔迹，一变黄筌细笔勾勒、填彩晕染之法，从而创造出“清新洒脱”的花鸟画新风格。北宋郭若虚曾赞其“学穷造化，意出古今”，沈括在《梦溪笔谈》中也说他这种以“墨笔”为主的画法“殊草草，略施丹粉而已”，却能充分表现出“神气迥出”的“生动之意”。更有苏东坡题徐熙《杏花图》诗云:“却因梅雨丹青暗，洗出徐熙落墨花。”可见徐熙的画法以墨色为主，近于写意，同时讲究线与色的相互结合，这种注重表现对象精神特质的花鸟画新风格，被后人称为“徐体”。徐熙虽身居画院之外，但在李璟、李煜两朝仍享有盛名。据说，后主李煜对他的作品十分看中，收藏其名迹很多，并将他的画挂于宫中。这种被称为“铺殿画”“装堂花”的殿堂装饰画，据《图画见闻志》载：“意在位置端庄，骈罗整肃，多不取生意自然之态。”我们看到的《玉堂富贵》图，可能是这类挂在墙上的有装饰意味的绘画。但不同的是，此画以淡墨勾线，造型生动，以淡彩敷色，给人超逸清雅之感。所谓野逸即清新洒脱。中国园林之中我觉得庭前草不除就是一种野逸。

（一）庭前草不除

网师园小山丛桂轩，轩前廊道围合小院落石景即疏草散布，加之有幽桂一片，有野逸清雅之意。郑板桥曾写道：“兰花本是山中草，还向山中种此花。尘世纷纷植盆盎，不如留与伴烟霞。又云：山中兰草乱如蓬，叶暖花酣气候浓。山谷送香非不远，那能送到俗尘中？此假山耳，尚如此，况真山乎！余画此幅，花皆出叶上，极肥而劲，盖山中之兰，非盆中之兰也。”野逸之感须留于山中。“兰花本是山中草”，去除羁绊，去除纷扰，回归山林与烟霞为伴，得一份天真与纯朴。《诸二十四诗品》说:“朴野。红尘世俗，亦牛亦马。独去往来，是真达者。拾柴煮肉，饮酒以瓦。精神醇野，俗中之雅。神情无极，姿态潇洒。莫强以情，吾其去也！”

---

① 徐熙，五代南唐画家，金陵人，一作钟陵（今江西进贤西北）人。因不屑于踏入仕途，终生置身画院之外，故后人称他“江南处士”或“江南布衣”。

走在网师园的小山丛桂廊道内，游目四周，顽石浅草，绿荫夏花，白墙丛桂，花窗疏影，鸟鸣虫跃，老人漫步，儿童嬉戏，眷侣相依，枝不动，花不语，浅草沿阶而生，优雅淡然。庭前草不除，留一份野趣，得一份天真，俯瞰花草鱼虫，仰望苍天飞鸟。当下一切多美好，人生难得闲暇，何不在庭前草中休憩，不被驱使，不用颠沛流离，能待多久就多久吧，直至日落月升，留一片空白给此处，留一个角落长野草，让野草肆意生长吧。

庭前草不除

丛桂枯石散木，
夕阳残照草色，
花前琴瑟飘然。
风过绿野，
露珠洒衣，
心如飞鸟。
静栖、赏玩、天真，
无驱使、望游云、慕云间，
留下一个空白地，野草雨露肆意生。

苏州网师园　小山丛桂轩（一）

苏州网师园　小山丛桂轩（二）

（二）委婉曲折

委婉曲折是含蓄，在曲折中隔了又隔，最后才可见那半隐半现之景。为何中国人喜欢含蓄、委婉？西方艺术从古希腊开始典雅古风，不过在古希腊艺术之中可以看到米洛的维纳斯古风式微笑，那样的微笑淡然，东西方艺术在某些地方还是有共鸣的。中国人自古以来很讲究含蓄、委婉，并融入了绘画、书法、音乐、园林、建筑。我觉得中国的建筑也是含蓄的，有的地方外廊隔一道，花窗隔一道，门罩隔一道，竹帘隔一道，最后还要纱幔再来一道，多么有趣。中国文学诗词也是一层层，慢慢道出，最后还是意犹未尽，也许中国人就喜欢在这意犹未尽中慢慢体味，慢慢熬，直至蜡炬成灰泪始干。而西方自古以来轴线一直贯穿到底，但是轴线的端头多数还是一片幽密的意境，哈德良山庄最后就是一片类似运河的水面通向赛拉提翁神庙，映着神庙的倒影。本质上空间都是需要曲折的，表达方式上西方更加直接雄壮，东方较为委婉。这与东西方的哲学宗教有关。

《诸二十四诗品》写道:“含蓄:含蓄不足,情爱喻之。心之焦矣，牵手为迟。情有所急，甚于画眉！爱则同体，孰善相思！扭扭捏捏，情爱尚疑。浑忘你我，含蓄何为！婉约帘后佳人，绰约玲珑。名马衔辔，美美骄龙。思与缠绵，留恋芳丛。佳人有态，品之莫名。俗子难会，未胎之蒙。相思一点，愈抑无穷！”东方人的含蓄婉约就是愈抑无穷。王国维说：“不隔，乃就情景以言，就表达

苏州网师园　蹈和馆

方式而论，此特小事耳，已隔一层，故无我之境之无若不能用为批判、否定之精神，则其为隔之根本实质也。无此无之批判、否定之动力，则断不能至于无我之上之有我之境，而身之融入现实世俗世界，而后有感情境界，而后有性情境界，而后有人格境界、思想境界、精神境界，亦即大俗之境界，豪放之境界，此真不隔也。不隔之义，用之未必能至于大我之境界即无我之上之有我之境，而无之必不能至于大我之境界也。意境之最终目的为由文学而及人生，神味之最终目的则由文学而及人。为人生，则不无现实功利之影响；为人，则是以人为第一位之价值也，为成就人也。近世西人大崇个性，故以群性为指归之崇高得大兴起，吾国自汉代后即大崇群性而乏个性，故豪放得造极于元人粗略之治。豪放者，由群性成就个性之具者也，故近世西人所大崇举之崇高之境界，唯由豪放而可得瓜葛，若准之吾国，则豪放是其出头地。豪放之精神虽因吾国传统文化之熏染而最具特色，然其核心思想、精神不受拘束，则可推及古今中外也。”最后王国维说了他喜欢豪放“不受拘束”。

在园林中，古人之浪漫情怀呼之欲出。故园林有树下墙前疏影，窗中花枝浮动，隔窗望月桂香，垂帘银钩锦书。我曾记得有人说宋朝的词人都是在窗前床榻之上“银钩”下写词，故而园林中承载着幽思、情绪与不可得，“趣”味无穷。

寄畅园秉礼堂，景观水石植物隔之，建筑门窗隔之，小径三转曲径通幽，院小委婉有致。网师园看松读画轩，松石水池障景，曲径通幽处去往竹外一枝轩。退思园后园，曲径通向蕉石斜枝处。

无锡寄畅园　秉礼堂

苏州网师园 看松读画轩

同里退思园　梯云室

第五章 灵 性

——用心妙悟

一、空灵留白

二、月到风来

三、自然妙音

四、慧的直觉

“无听之耳而听之以心，无听之心而听之以气”

用外在的感知去听，只得其似；用平常的知识去分析，是在割裂至高无上的“音乐”。用心去聆听，由外在感知而转化为内心体验。以空灵澄清的心去谛听至高无上的音乐。妙悟，是参透了东方哲学智慧的独特认知。逛园子，用一颗澄清的心去感悟、感知、妙悟。

一、空灵留白

“对镜忘言，拈花微笑。色本是空，影无遗照。画理自深，仙心独抱。参之以禅，常观其妙。忽然而通，必由深造。一转秋波，十分春到。”

以空灵留白体验妙悟。

歌德说："艺术家是能感之人。"所谓能感，就是艺术家以自己微妙的心灵去感受外在的世界，产生微妙的体验，这些体验无法用言语来表达。"来不可遏，去不可止。"至于文思灵感到来的时机，顺通和阻塞的机遇，来时不可遏止，去时不可抑制；隐藏时像是影随光灭，出现时像响随声起。比如画竹，首先是审美的趣味，生活情操，道德的趋向，自我深层的心灵愉悦，乃至性灵的超越。审美超越便是消除了审美客体和主体。妙悟不是一种无目的的活动，有双重目的，即审美的创造和性灵的优游。《诸二十四诗品》"空灵"：剑光跃匣，灯影颤帷。匪黏匪脱，若即若离。霜天高迥，星月交辉。积雪在野，冰柱倒垂。晶屏璀璨，玉山逶迤。佳人靓妆，对镜弄姿。"妙悟"：对镜忘言，拈花微笑。色本是空，影无遗照。画理自深，仙心独抱。参之以禅，常观其妙。忽然而通，必由深造。一转秋波，十分春到。

心灵澄清空灵留白，通往妙悟。

（一）浮石镜水

中国园林之水面就是留白，映衬亭台楼阁廊、天空，花草树木在一泓清池中观望自我。

寄畅园：水面狭长，中部夹景，形成三段水景，溪流野趣、廊伴空阔水面、八音涵碧对景。有高山流水回归舒畅之意。

谐趣园：水面云形，建筑轴线从中部穿越，形成三段水景，山林野趣、饮绿转折、知鱼桥斜跨望对景涵远堂。有引申断破轴线之感。

狮子林：水面长、狭、点构成，与山石形成蜿蜒之趋势，由高到低，有山水画卷之意。

网师园：水面居中，四周围绕山石、榭、桥、亭。有壶中天地之感。

濠濮间：水面内庭水景与山石水面对望。濠濮间水面坐观山林纳四方之气。

拙政园：水面由山林下溪水展开，曲水廊越，两岛对望，蜿蜒至西部，意趣盎然。空间丰富，有无限长卷画意。

怡园：水面两段，紧凑与狭长兼有。复廊纵深水景层次丰富。水面狭长具有远山缥缈之意。

退思园：水面结合建筑空间布置，强调空间对景，居中式水景联系池岸的疏密远景，内向辐射的效果，有繁华与孤寂高低对望趣味。

豫园：水面四段，紧、疏、阔、收。结合建筑山石形态各异，有往来无羁之感。

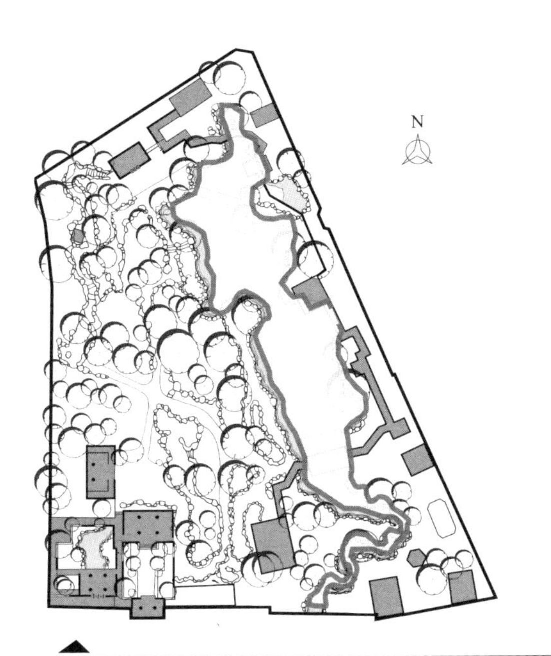

寄畅园

水面狭长，中部夹景，形成三段水景：溪流野趣、廊伴空阔、八音涵碧。有高山流水之意。

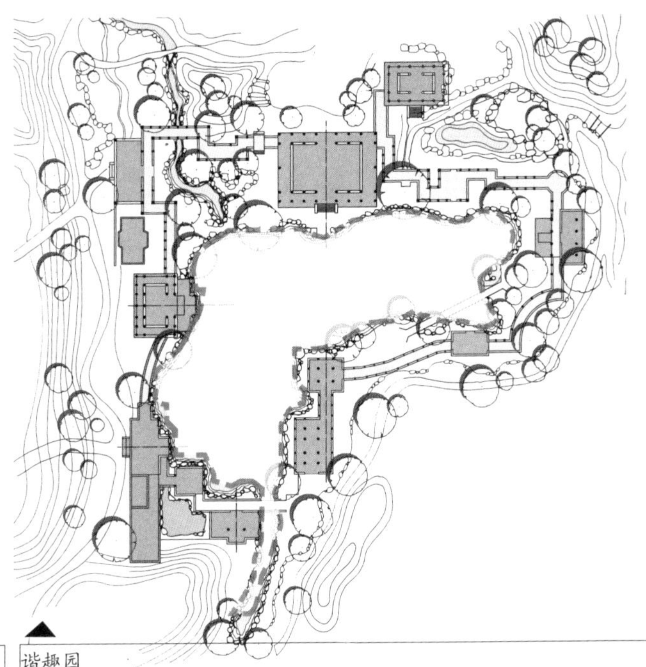

谐趣园

水面云形，建筑轴线从中部穿越，形成三段水景：山林野趣、饮绿转折、知鱼桥斜跨望对景涵远堂。有高山流水之意。有引申断破轴线之感。

濠濮间

内庭水景与山石水面对望。濠濮间水面坐观山林纳四方之气。

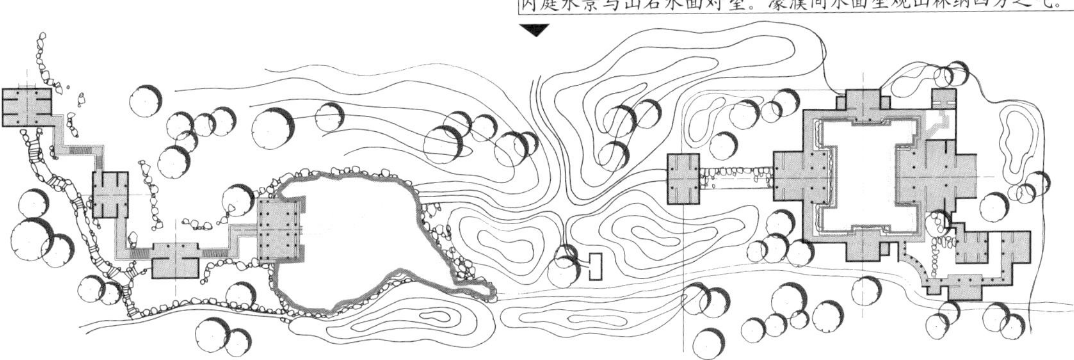

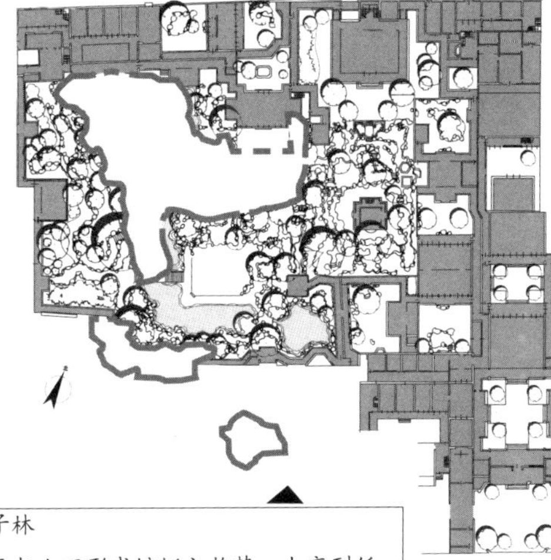

狮子林

水面与山石形成蜿蜒之趋势，由高到低，有山水画卷之意。

网师园

水面居中，四周围绕山石、榭、桥、亭，有壶中天地之感。

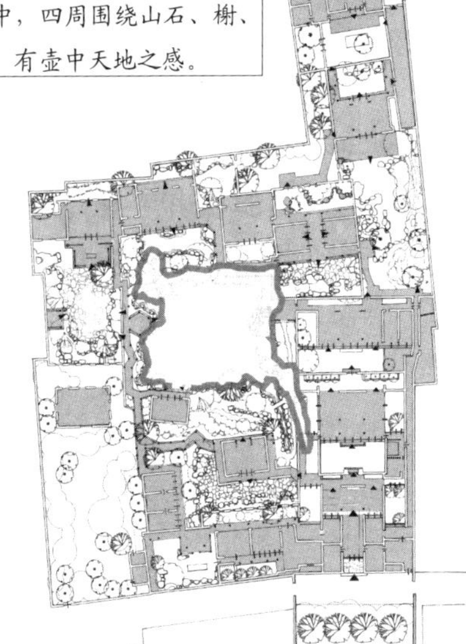

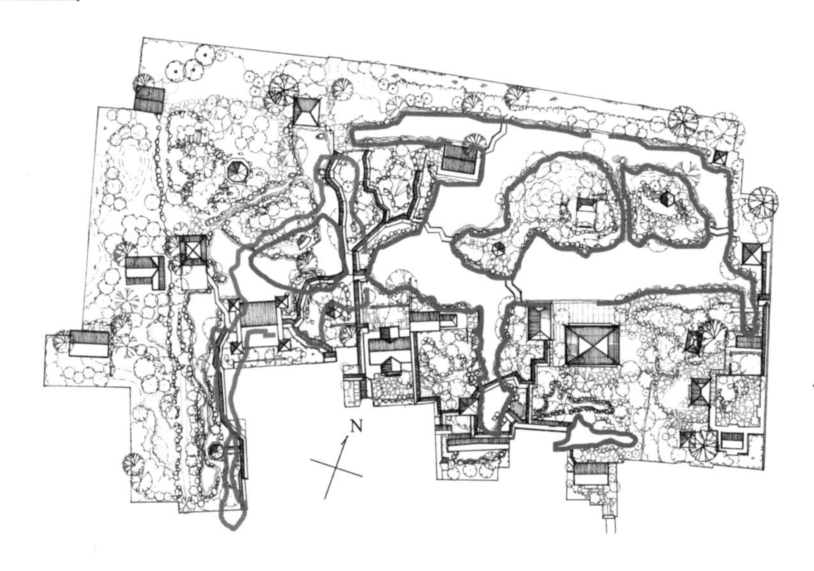

拙政园

水面由山林下溪水展开，曲水廊越，两岛对望，蜿蜒至西部，意趣盎然。空间丰富，有无限画意之感。

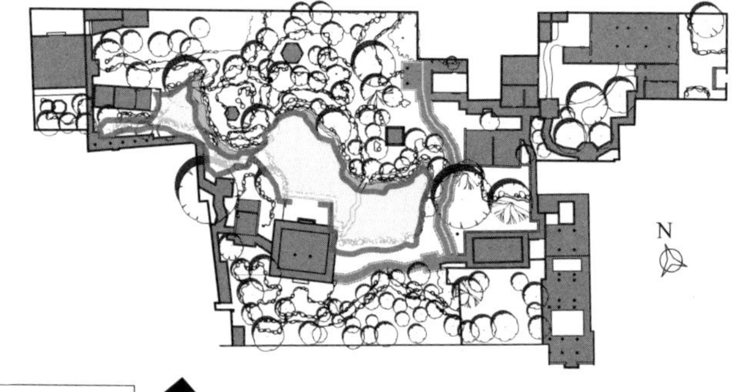

怡园

水面两段，紧凑与狭长兼有。复廊纵深水景层次丰富。水面狭长具有远山缥缈之意。

退思园

水面结合建筑空间布置，强调空间对景，居中式水景，池岸错落有致，以营造向心、辐射的效果，有汇聚一池，对景趣味。

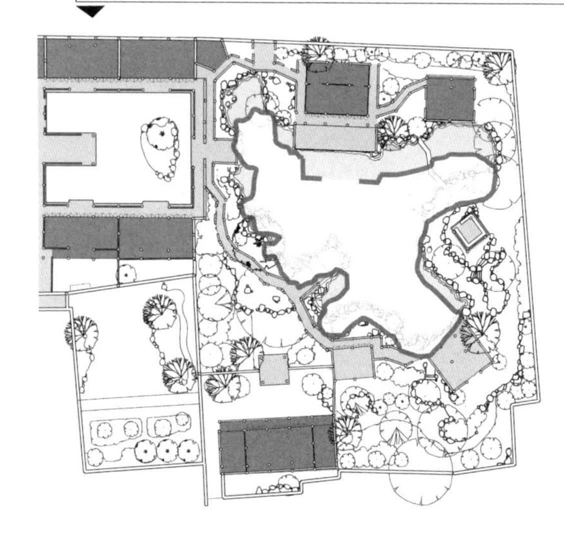

片石山房

水面与建筑形成阴阳互补，虚实相结合，或近水，或远水，串联各个空间。

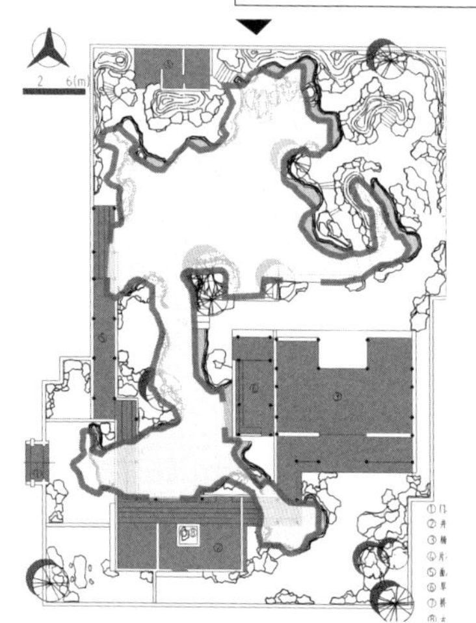

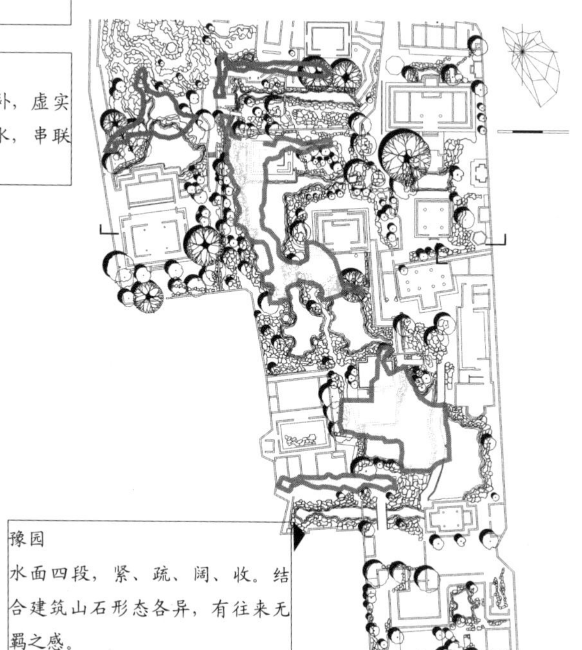

豫园

水面四段，紧、疏、阔、收。结合建筑山石形态各异，有往来无羁之感。

苏州留园　水景（一）

苏州留园　水景（二）

水在园林之中起到了促进空间流动的作用，结合四时风景实现了意境的升华。在中国艺术之中，有水则灵，水云雾成了乘虚往来之气。设计一座园子，需要领悟空间之气，先构思情景意境之来源去脉，再行设计。气韵乃园林设计之精髓。

（二）缥缈烟波

在中国画家的心中充满了气化氤氲的生命。清代画家理论家沈宗骞说："天下之物，本气之所积而成。即如山水，自重岗复岭，以至一木一石，无不有生气贯乎其间。"这就是中国人对于气化的认识。在园林空间里，气化空间无所不在，汇聚，飘散，归一，流动，静虚，往来其中。感悟气化，或于树丛后，或于石隙中，或去往天际，或去往浅草雨露间，往来有趣。随心而观之，浅笑于其中，自得有致。

1. 云烟飘动

"画家之妙，全在烟云变灭中。"中国画家又称为"耕烟人"。"古人以云烟二字称为山水，原以一钩一点中自有烟云。"山水画不仅是徒手写外在的形态，而要得造化之真气。云烟是造化真气的最好表现形式。山水在云烟中若隐若现，云烟称为山水的隐在之线。群山在一片岚气之中飘荡起来。元画家方从义《云山图》画面烟雾缥缈，山色空蒙，有一种随云烟飘的质感。园林中留虚景给予云雾缥缈，太满则无余地。

2. 元气淋漓

扑面而来的就是"气"，雨点翻飞，雾霭笼罩。米芾山水就是云山烟树，迷离模糊。"云气淋漓障尤湿"这样的一个意境，如何用设计达到呢？陶渊明诗："山中何所有，岭上多白云。只可自怡悦，不堪持赠君。"自己悦之，缥缈虚空，停留在此时很美妙。

3. 气象浑沦

"峰峦浑厚，草木华滋"为四王[①]绘画的最高追求。现代画家黄宾虹就以"浑厚华滋"为最高画境。"苍莽者，山之气也；浑厚者，山之体也。画家欲取苍蛮浑厚，不外乎墨之骨气。"气象混沌与画之骨气联系。中国画中为何气象混沌为最高？（1）整体的生命美，"一气浑蛮"；（2）气象混沌体现了元气周流贯彻、无所滞碍的生命力，旁通互汇，生命之气流荡于山水中，形成往来回环的世界；

① 四王为清初画坛的正统派，即王时敏、王鉴、王翚、王原祁。其共同特点：在艺术上强调"日西临摹""宛然古人"，脱离现实醉心于前人笔墨技巧，摹古画是他们山水画创作的一大倾向。

（3）气象混沌反映出创化之初的苍蛮世界；（4）气象混沌加强了物于物的联系层次感，厚而不薄。我觉得朱良志先生写得很好，可以从其中领悟气之形态以及气之来去，气与骨之联系。于内心灵性及绘画很有益。其中最有名的是黄公望的《富春山居图》，画家于富春山中，有感于山川秀色，整天“云游在外”。画面上，峰峦起伏，云树苍苍，村落掩映，白帆、小桥、飞泉，境界阔大，气势恢宏。水断山腰，雾笼峰侧，山竞天而上，水消失在山脚，无穷与苍蛮浑然一体。画面在闲适中透露出勃动，在苍蛮中显出秀美，在平淡处见天真，在沉稳中见龙蛇，气吞万里。线条柔和有弹性，有浑成肆意的意味。

东方艺术深邃，灵性妙悟氤氲之气，变化于山水园林之中。实与虚对比，虚中有无穷无尽虚无空灵之美，实中有半隐半现朦胧之态，艺术哲学相通，一切均在妙悟妙用。

（三）雪景

中国艺术中常见雪。雪枯寒冷寂，在一片素白之中清空寥廓。雪景素白一片，落于园林中，辽阔寂静，勾勒出了园林素白之美。故雪景之意味可从中国画中化之而来。

石涛《雪景山水图》在堪萨斯市纳尔逊博物馆藏。此幅雪景山水册页，属 12 开画页中画法最为怪异的一件

作品，天空水面以淋漓水墨涂抹，墨色翳润，山峦皑皑白雪，用极简括皴笔草草舒写，笔断意贯，气脉成章，显得丘壑在胸，任心所成。林木树叶苔色，以阴阳衬贴法概写，点中夹水夹墨，一气混杂，如缨络连牵，浑融透明，使整个画面景物给人以萧疏寒冽、沉寂明净的意味。范宽《雪景寒林图》中，群峰屏立，山势高耸，深谷寒柯间，萧寺掩映；古木结林，板桥寒泉，流水从远方迂回而下。真实而生动地表现出秦陇山川雪后的磅礴气势。笔墨浓重润泽，皴擦多于泻染，层次分明而浑然一体，细密的雨点皴以苍劲挺拔的粗笔勾勒，表现出山石和枯木锐枝的质感。

马远《雪滩双鹭（绢本浅设色）》在台北故宫博物院藏。雪崖枯枝，芦竹寒汀，滩旁四只白鹭，均做瑟缩之状，寒天的景致，令人有身临其境的感觉。而浓淡墨色画出的树石、远山和芦草，对比于留白的积雪处，和几不见墨痕的白鹭们，在黑白之间，充分表现出清冷的意趣，达到了画雪得其清的境界。另从岩壁上伸出的枝干，曲折延伸，势如蛟龙升腾游动。这种笔势往下拖垂，形成长而斜向伸出的画枝方法，正是典型的“拖枝马远”风貌。

雪景写意，留一处虚空往来无羁，读古人之画知“气韵”。“混沌苍蛮”黑白之间一气呵成，需要长期的磨砺。中国山水画、山水文学、山水诗均是东方园林之参照。中国山水画基本要素有气（神气）、韵（气韵）、思（思想）、景（场景）、笔（笔法）、墨（墨色）。《山水训》中，郭熙说画家应当在伦常的基础之上研究自然的每一个侧面——如何表现季节的变迁，如何比较同样场景在早晨和傍晚的不同景象，如何注意及表现每一个变化时刻的独特特征，怎样选择及赋予流水和行云以动感。正如他所说的，“以山水为动脉，以草木为毛发，以烟云为神采”。确实，正如画家所深知的，一草一木皆有生命，那么在他的绘画中，他将有必要将“气”传达出来。可见在中国绘画中写意与气韵的重要性。而在现实的设计中，气韵如何写意则看一个设计师的灵性之光了。

苏州狮子林

吹箫度日

窗外孤鸿鸣，
卷帘云淡淡。
风吹草迟迟，
千绪挥不去。
蹙眉遇杜鹃，
轻抚叶滴露。
滑落手冰洁，
草木本心知。
心悦，
吹箫共长日。

二、月到风来

“花间一壶酒，独酌无相亲。举杯邀明月，对影成三人。月既不解饮，影徒随我身。暂伴月将影，行乐须及春。我歌月徘徊，我舞影零乱。醒时同交欢，醉后各分散。永结无情游，相期邈云汉。”

——李白《月下独酌》

“花间一壶酒，独酌无相亲。”蒋勋说这是盛放与孤独。身处繁华的自负与孤独。“花间”是繁华，在整个宇宙当中孤独到“月既不解饮，影徒随我身”的时候，更为凄凉。这是一种生命的状态，在这样的状态中去以浪漫来对抗现实。

"青天有月来几时，我今停杯一问之：人攀明月不可得，月行却与人相随？皎如飞镜临丹阙，绿烟灭尽清辉发？但见宵从海上来，宁知晓向云间没？白兔捣药秋复春，嫦娥孤栖与谁邻？今人不见古时月，今月曾经照古人。古人今人若流水，共看明月皆如此。唯愿当歌对酒时，月光长照金樽里。"（李白《把酒问月·故人贾淳令予问之》）诗写得多好，每当去园林中不禁想起李白和苏轼，月光、美酒、繁华、孤独。

（一）月下对影

那年我出差到苏州，夜晚才到。我风尘仆仆去网师园看月亮，究竟中国园林在夜里是什么样的？进入园子，琴瑟之声悠扬，寻声而至，原来晚上的网师园有文化活动。我去月到风来亭，"月到风来"何意？正当我在月到风来亭中静坐对望明月，月亮躲在网师园建筑屋檐一角上的云里，若隐若现。而此时穿着戏曲服装的一男一女出现了，在竹外一枝轩开始演《游园惊梦》[①]，其中的杜丽娘游园，剧中的人物不多，可是那两人衣着妆容在灯光之下如此靓丽动人，一会儿在桥上相遇，一会儿在亭中望月，一会儿倒影水中。岸上佳人俏丽，水中倒影倩倩，手拂香腮清唱，低头疏影自赏，风拂柳枝细腰，对影人在桥头。如画如诗，今人牡丹亭，古人月中赏。细想也许古代人就是这样赏玩的。须臾之间我抬头望月，月亮出来了，月亮倒影正巧在水池之中，一阵清风拂面，月到风来果真到了晚上才可见。一阵清风沁人心脾，清爽，洗涤了我白天疲惫满尘的心。一阵风轻拂丝发，吹平了我眼角皱纹，吹湿了我的眼。一轮明月悬空明亮，如苍穹中的眼，观望着我。水中清波漾漾，月影弄水，心里泛起一丝丝涟漪，如此美妙。我心轻飞，随着游园惊梦的曲声飘荡着，飘荡在网师园的空中、水中、月光中，回旋轻飞，半醒半梦。曲终人散尽，半夜园中空留我与月。没有了繁华的乐曲，静谧中风更轻，月更高，人更醒。就这样吧，让一切此刻静止，月光长照清池中。一声苍老之声"关门喽"划破长夜，大爷吆喝我出园。此时意迟迟，人缓缓，罢了，留一个清梦在心中，我去也。

---

① 《游园惊梦》是昆曲《牡丹亭》的一个曲目。作者为中国明代戏曲家汤显祖，其中最为引人入胜的当属杜丽娘与柳梦梅那亦真亦幻的爱情故事。杜丽娘深受封建礼教的束缚，一日，背着父母和塾师，和丫鬟春香到后花园游春，花香鸟语，触景伤情，游倦之后，回房休息。在梦中与书生柳梦梅在花园中相会，并有许多花神一起来为他们做媒。杜丽娘的母亲来到床前将女儿唤醒，母亲看见女儿神情恍惚，嘱咐她以后少去后花园。杜丽娘虽然应允，但心里仍在追恋梦境，不久竟抑郁成疾。

月到风来

繁华闹市灯光流离，
一园琴瑟悠扬，
宛若隔世。
亭中仰望今月，
若隐若现古人。
月影皎皎，
心随曳曳。
清梦水中荡漾，
忽闻游园惊梦。
廊下倩影，水中倒影，
缓步低吟，清音浮水，
梦醒人醉，月更高。
一声浅笑，
释然一生烟雨；
一点月光，
抚平一脸细纹；
一阵清风，
吹透一人心脾。

每逢到苏州我必来看月。“月到风来，悠然见性，云在意迟，清影同流。我心瞬间，清澈空透。”苏州人民很幸福。古代人看月伤感多，而今我伤感少，感悟多。逛园子其实逛的是一种心境，洗涤一下自己的心，于浮世中赏玩，得一个真我，在繁华之中留一个孤影，去往明日。

中国哲学有“月印万川，处处皆圆”的思想。意思大致是说不必在意有所缺憾，当下就是圆满，觉悟就是全部。这是中国哲学之中的“圆成实”之意。

（二）石钵盈夕阳

昆明有一个大观楼，有一著名长联悬挂于大观楼上。大观楼处于滇池草海的端头，楼前平台可望茫茫苍水，视线开阔寂廖，而楼前有一石钵，石钵盛水。那年中秋佳节在园中看灯，太阳还未落，忽到楼前看夕阳，一轮明月天边悬空，钵中正好可见夕阳彩霞，妙趣无穷，故而记之。风景何处有，楼前处处有。《菜根谈》中写道：“天地寂然不动，而气机无息稍停；日月昼夜奔驰，而贞明万古不易。”故君子闲时要有吃紧的心思，忙处要有悠闲的趣味。

天地看起来好像很安宁，没有什么变动，其实充盈在里面的阴阳之气时时在运动，没有一刻停歇；太阳和月亮白天黑夜不停地运转，但它的光明自古以来没有改变。所以君子在闲散时要有紧迫感，在忙碌时要有悠闲的情趣。林语堂先生在《谁最会享受人生》中深刻地剖析了中国人的生活模式，提出要摆脱过于烦恼的生活和太重大的责任，实行一种闲忙适宜、无忧无虑的生活哲学。林语堂先生说：“我相信主张无忧无虑和心地坦白的人生哲学，一定要叫我们摆脱过于烦恼的生活和太重大的责任。中国最崇高的理想，就是一个不必逃避人类社会和人生，而本性仍能保持原有快乐的人。”“闲时要有吃紧”，“忙处要有悠闲”，有条不紊地生活。回归到园林中，在天地与大自然中，在动作与静止之间找到一种完全的均衡。始终保持热情，清闲中带有忙碌，在忙碌中又抱着轻松的心态，赏玩日出与日落。

三、自然妙音

"扶桑随风微曳，冷色影过竹帘，
云中锦书未有，花不语自烂漫，
罢了，恰似一叶轻舞悄落地。"

自然之妙音便在刹那间，从一叶落地，在月影树梢间得知，在园林之中去得一妙悟，予本心一个空间。

鸣沙山

“庐山烟雨浙江潮，未悟千般恨未消。及至到来无一事，庐山烟雨浙江潮。”（苏轼《观潮》）。唐代山水画家“外师造化，中得心源”。心源即智慧。“绘画必以微茫惨淡为妙境，非性灵澄澈者，未易证入。”妙悟即在自觉中发现自性，在自性中观照世界，在妙悟中回归真性。

那年夏天，我于夏日到寄畅园，炎热人多。在水池的一侧有一个八音涧。两边堆叠山石，形成甬道，甬道里有一泉水跌宕清流，原来从源头涔涔而出，泉水滴滴答答，发出清澈的响声，似琵琶大珠小珠落玉盘，似古琴空荡，伴着回响游荡，余音久鸣不绝，时激时缓，激时畅快，缓时悠然，与野林之中溪水却又不同，有石道回响空洞之声，声音清脆空灵，久久回荡在林木之下，去除了夏日的炎热。轻风从石道贯穿而过，伴着泉水的音乐声，两边植物低落下垂，交错叠生，似低语浅笑。偶有蕨生于石隙，雅致天然，飘逸桀骜。心得一清音，泉水天籁。忽一竹叶浮于泉眼边，顺着泉水而下，沉沉浮浮，跌跌撞撞，碰到池壁转向而去。于旋涡中自旋，于鸣泉中自淋。此叶类我，就像在人生的河流中沉浮撞壁，顺着时间长河而下。最终叶子跌落到了潭中，快要消失，我心似要去寻它，想想算了，随它而去吧，留在心中时常想起，拾起夹于书中却会遗忘。

人生便是如此，立自己一志业，穷其一生，有何不可。无功利心，随心境而去，今生没学完画完的，下辈子接着完成。

中国园林妙在“天人合一”，在自然妙音之中，自然天香之中，将一切融情于物。这样的妙音八音涧，可四时听之，各有心境，夏日清澈，冬日枯寂冷寒。中国美学博大，既有春江花月夜，又有枯寂冷寒，时时有景，处处有美，一年春花飞絮，夏荷梅雨，秋枫萧瑟，冬梅暗香，四季到头赏也赏不完，枯败也美，繁花也美，妙哉！

有一年到敦煌，炎炎夏日爬鸣沙山，热燥人干，费尽全力爬至山顶却见一重又一重连绵不绝之沙山，不知何处是顶峰，于是乎从山顶滑落，步行到月牙泉水边。月牙泉水边有很多芦苇，水面已经缩得很小了，芦苇很茂盛。李白曾有诗“西风残照，汉家宫阙”。荒漠苍凉，天苍苍，野茫茫。月牙泉静得一片空寂，而那丛芦苇生机盎然。偶有鸟儿栖息，蓝天倒映在月牙泉中，碧蓝。一群鸟儿在水边芦苇中穿行，时而激起水面涟漪，伴着苍茫风沙，此泉水之音空灵。忽而一阵狂风呼啸而来，沙尘弥漫，而此处风激芦苇低俯，水面波澜席卷。我立于风中，头盖围巾，随狂风摇摆，风声、沙声、芦苇声，万声齐鸣，如天马奔腾，云海汹涌。须臾之间风去也，一切回归宁静，沙海之中晴空之下，空寂无恙。真是来无影去无踪。我兀立于此良久，神思飘飘，希望再来一场狂风，我静立其中欣赏这自然之乐，风声、沙声、芦苇声、水声、鸟鸣，风旋琴瑟和鸣，风去长箫低吟。沙漠大风苍劲有力，让我感到一种顽强的生命力，大自然之声就是这么直入心脾，耐人回味。

月牙泉边

四、慧的直觉

“净几明窗，一轴画，一囊琴，一只鹤，一瓯茶，一炉香，一部法帖；小园幽径，几丛花，几群柳，几区亭，几拳石，几池水，几片云。”

——陈眉公《书房》

艺术创作讲究妙悟，妙悟根本就是慧的直觉，而这种直觉来自于性灵的修养。境界与心灵的养育密切相关。内向发展，需要有一个空间和良好的氛围。

朱良志先生在《中国美学十五讲》中说道：妙悟是“智慧发出的”“慧的直觉”。“慧”来自于人的本来面目，人的自性。妙悟即是当下灵魂直接的觉悟。以定发慧，回到生命原始的活动力，不是单纯的认知活动，而是内在性灵的超越。

妙悟不是静默，是发现人内在的本明慧。人与生俱来的生命觉性有三种：(1)“本来有的样子”；(2) 应该的样子；(3) 自己独特的样子。从原始状态——觉性——悟入——回归本然——真实的心灵——到人的自然之性。《庄子·庚桑楚》:“宇泰定者，发乎天光，发乎天光者，人见其人，物见其物。”“悟而明，明而悟。”自然而自然，自在兴现，圆的世界。直觉中发现自性，自性中观照世界。即从世界的对岸回到世界中的现实。“观”指的是从外在对象的观照回到内在心灵的体验，由有念的心体味回到无思无虑的心灵的静寂状态；“照”是捂起外观的眼，开启内观的心，去除心中的念，显现智慧的心。比如画竹，从审美的趣味——生活的情操——道德趋向——自我深层的心灵愉悦——自我性灵的超越。李日华曾经说:“其外刚，其中空，可以立，吾与尔从容。”

其中我觉得审美创造及性灵优游适合当下所用。优游便是偶然的兴会，悠然的把玩，穿越空间，于自我流放之中去见自我之性灵，开启心灵，完成性灵超越。这便是优游之乐，在拥有世界的同时，忘却自身，从而心灵澄清。

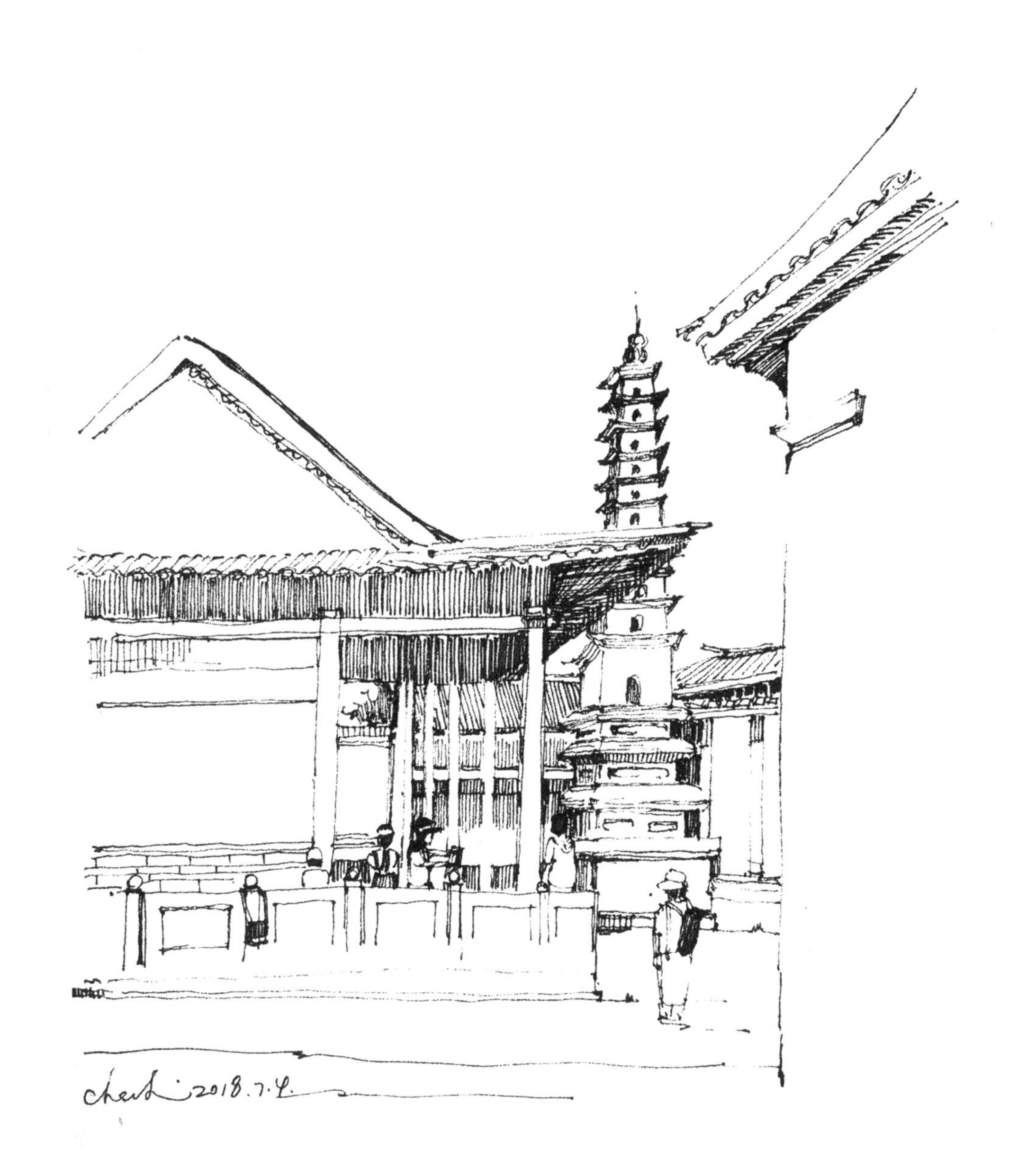
chen 2018.7.4.

第六章　扁　舟

——自由的心灵

一叶舟乘虚往来，游弋山水云林间，空寂寥廓，优游自在，度向精神彼岸。

中国园林中都会放置一叶扁舟，在中国艺术中是一个意象。彼岸是超越、挣脱、去往自由之地。扁舟就是一个象征物，是艺术心灵的寄托，心灵的远足飘向精神智慧的彼岸。

一、澄怀卧游

“老疾俱至，名山恐难遍睹，唯当澄怀观道，卧以游之。”

——《宋书·宗炳传》

卧游古今，卧游山水，这是一种可以随时去做的自由。何乐而不为之？

《宋书•宗炳传》说:“宗炳好山水，爱远游，……有疾还江陵，叹曰:‘老疾俱至，名山恐难遍睹，唯当澄怀观道，卧以游之。’凡所游履，皆图之于室，谓人曰：‘抚琴动操，欲令众山皆响。’”古人因交通工具简陋难以到远处游玩，但又想体悟山水中所蕴含的哲学思想，由于玄学在当时十分受欢迎，为大多数文人雅士所推崇，慢慢地就出现了通过欣赏山水画来体悟山水的方式。古有《潇湘卧游图》，这幅山水包括的主题有落雁、烟寺、山市、晾晒渔网的渔村，以及暗示“归帆”的鼓足的风帆。《潇湘卧游图》作者运用晕染模糊了山峦的轮廓，将界限融入轻雾之中。绵延的手卷以柔和纤细的线条、精致的细节和半透明的晕染绘制而成。笔触所现之处，或为表现如桥、舟之类细节的细如发丝的线条，或为湿润点染以表现树叶的墨点。明代画家沈周[①]是一位重要的代表人物，他的“卧游”思想，对后世文人画的观看之道，尤其是对其所开创的中国最大画派——吴门画派有着深远影响。沈周晚年的代表作《卧游图册》（又称《卧游册》、《卧游小册》，纸本，着色，纵27.8厘米，横37.2厘米，现藏故宫博物院）正是其“卧游”思想的集中体现。由于追随者甚众，这一思想渗透到吴门画派的筋脉之中，流衍为绘画史上极富中国特色的艺术观念。古人看画卧游，今人多数看手机卧游。

法国人萨米耶•德梅斯特（Xavier de Maistre），可能是西方文学史上最有名的卧游旅行作家。1790年，因为一场决斗，他被判软禁在家42天。那是欧洲文学史上最流行壮游文学的时期，似乎每个有点自尊的作家，都应该要来一趟长途旅行，并且记下自己所见的种种奇观，去的地方越遥远越好，写出来的东西越离奇越妙。有些作家索性虚构，或者明言自己去的是乌有之乡，又或者假装去过一些根本未曾踏足的异邦。受困在家的德梅斯特，反其道而行之，带着讽刺的心态，把那42天的经历写成了《在自己房间里的旅行》。这真是一本游记。就像德国学者斯蒂格勒（Bernd Stiegler）所说的，“室内旅行牵涉的是一种陌生化，使吾人从日常的居住经验之中退出，再用崭新的角度去探索和描述它”；“旅行不一定要抵达一个乌托邦，或者设定任何一个最终的目的地，反而可以是理应熟悉的此时此地；这种书写不必描述一个如梦似幻的世界，它写的是最庸俗的生活空间；不必去最遥远的带有异国风情的地方探险，就在当下，就在这个房间里面”；“只要一个观察者开始在室内旅行，这些被每一天的生活的灰霾所遮掩的空间，就会转化成为最真实的经验领域”。《在自己房间里的旅行》是本令人耳目一新的游记，让人发现我们果然能在方寸之地漫游，在一张椅子的椅腿上面看到最有趣的故事，在一块地毯的边角遇见壮美的天地。

本书就有部分是居于陋室卧游出来的。有钱出去游，无钱卧游之。卧游魏晋南北朝唐宋，卧游山水云林，卧游沉香亭，不花一分钱却去往千年，神智灵还得到了提升，时时刻刻都可以游，真妙哉！

---

① 沈周（1427—1509），字启南，号石田，又号白石翁，长洲（今苏州相城）人。他以一介布衣成为懿范后世的文人画家典型，艺术生命长盛不衰。多数绘画研究者认同，中国绘画史上最值得一提的画派即吴门画派。

二、画者散也

“书者，散也。欲书先散怀抱，任情恣性，然后书之；若迫于事，虽中山兔豪不能佳也。夫书，先默坐静思，随意所适，言不出口，气不盈息，沉密神采，如对至尊，则无不善矣。为书之体，须人其形，若坐若行，若飞若动，若往若来，若卧若起，若愁若喜，若虫食木叶，若利剑长戈，若强弓硬矢，若水火，若云雾，若日月，纵横有可象者，方得谓之书矣。”所谓书法，是性情的发散和表达。要进行书法创作，先抒发感情抱负，放任性情，然后再创作；如果因为某事而不得不书写，就算是有名的中山兔毫笔也写不出好作品来。书法，应先静坐沉思，让意念随意释放，不说话，不喘气，收敛神采。书法作品的形体，如同人的形体，如入座如行走，如飞翔如运动，如过去如将来，如躺卧如直立，如忧愁如欢喜，如虫子吃植物叶子，如锋利宝剑长长戈戟，如强力弓箭，如水火云雾，如太阳月亮，挥洒纵横如某种形象，才能称之为书法。

从事绘画还是书法，心若淡定，便是从容。从容自然闲散安逸。而用之于园林即为疏密结合，不宜过分堆砌雕凿。

园中野草、蔓藤、花架、疏石、池石布置，一二卧石悬于水边，或立式倒影，或匍匐于水中，依据形态姿势将设计元素合理布局于园中，知其情趣，明其资质，造园便是造心。

三、心灵自由

“天供闲日月，人借好园林。”（白居易）园林不仅可游可居，可赏可玩，还有一个重要的功能是安顿人的灵魂。园林中一石一木，一草一窗，一墙一瓦，是心灵寄托的地方，抚慰人的生命，栖息人的神明。魏晋以来士人性情敏感，放逐自我于山水云林之中。宗白华先生说：“晋人向外发现了自然，向内发现了自己的深情。”

王子猷居住在山阴，一次夜里大雪纷飞，他一觉醒来，打开窗户，命令仆人上酒，四处望去，一片洁白银亮。于是起身，慢步徘徊，吟诵着左思的《招隐诗》，忽然间想到了戴逵，当时戴逵远在曹娥江上游的剡县，即刻连夜乘小船前往。经过一夜才到，到了戴逵家门前却又转身返回。有人问他为何这样，王子猷说:“我本来是乘着兴致前往，兴致已尽，自然返回，为何一定要见戴逵呢？”王子猷可真为洒脱，超逸，率性。

嵇康是中国古代少有的美男作家，精通文学、玄学和音乐，同时英俊潇洒，别人形容他是“龙章凤姿，天质自然”。史称嵇康“身长七尺八寸，风姿特秀，见者叹曰：‘萧萧肃肃，爽朗清举。’或云：‘肃肃如松下风，高而徐引。’”最有说服力的故事是，某次他去森林里采药，竟被樵夫误以为仙人下凡，其风姿可见一斑。嵇康喜爱音乐，他在《琴赋》序中说：“余少好音声，长而习之，以为物有盛衰而此无变。滋味有厌，而此不倦。”他对传统及当代的琴曲都非常熟悉，这一点在他的《琴赋》中可见。据刘籍《琴议》记载：嵇康是从杜夔的儿子杜猛那里学得《广陵散》的。嵇康非常喜爱此曲，经常弹奏它，以致招来许多人前来求教，但嵇康概不传授。司马氏掌权后，不苟合于其统治，与阮籍、向秀、山涛、刘伶、阮咸、王戎号称“竹林七贤”，与司马氏相对抗，后被司马氏杀害，死时方四十岁。临刑前有三千太学生为其求情，终不许。死前索琴弹奏此曲，并慨然长叹:“《广陵散》如今绝矣。”嵇康可谓风流倜傥，高洁傲骨。

许询身强体健，登山临水，如履平地，简直是位登山健儿，攀岩高手。所以当时的人很羡慕他，说他“非徒有胜情，实有济胜之具”。这里的“胜情”，就是指纵情山水的情趣，“济胜之具”则是指许询天生的那副敏捷矫健的好身体！

朱良志先生说：魏晋南北朝文化自觉之人通过自然来抵御外在世俗的侵蚀，倾听世界的清音，成了生命的渴求。幸运的古人有一片“竹林”！而现代人也向往着那片“竹林”，拥有自由的心灵，比古代人更具有挑战和阻碍，这何尝不需一种斗争精神呢？

（一）低处的自由

静水流深，沧笙踏歌。平静的水下汹涌澎湃，沧海上却可以吹笙踏歌。

低处看风景，高山仰止。就像拍照一样，不一定是从上往下拍才好看，其实从微观看去更有一丝趣味。《周易》上说："潜龙，勿用；亢龙，有悔。"低处是一种清净内敛稳重姿态，一种谦逊言辞，一种处世风格。一朵出水芙蓉，生于低处，玉立碧波；阶前浅草，生于低处，从未败落。于低处，去观察人生及世界，会发现别人所看不到的东西，而往往这些东西却透露出智慧之光。比如一个学校好不好，不是看它有没有各种展览，装修得如何，看一下课室地面干净否？公共空间的人群在做什么？是教学为主还是经营为主的学校？一个社区好不好不是墙上贴满多少口号就好，而是能方便快捷地提供服务。有时候往往忽视了最根本的东西，而去追逐一些噱头和所谓的利益。低处就是指根本和基础。一个自求向内发展的人，随时观照自己的低处，从零开始，不断完善自我，有何不可呢？带着一份自由精神，冷静地去遨游，去完成自己，自己心知便足矣。

心灵的自由，来源于内心的安定与澄清，内心的安定来源于有可为之事。如何能够在浊世中慢慢修习自心，保持内在安静呢？一言以蔽之，即止水澄清。一杯混浊的水，放着不动，长久平静下来，混浊的泥渣自然沉淀，终至转浊为清，成为一杯清水。心如止水，由浊到静，由静到清，在混浊动乱的状态下平静下来，慢慢稳定，使之臻于纯粹清明的地步，不容尘埃，亦没有金屑，纯清绝顶。曾子在《大学》中讲述修身养性时说："知止而后有定，定而后能静，静而后能虑，虑而后能得"，亦同此理。而同时艺术及设计创作需要"志业"。志存高远修炼自身，无所畏惧，无所挂碍，努力去做。苏东坡说："所取者远，则必有所待；所就者大，必有所忍。""前途是光明的，路途是曲折的"，也当知晓人生不是一场速度竞赛，河上没有桥还可以等待结冰，走过漫长的黑夜便会有黎明。树立目标去努力，至于结果也就顺其自然了。"人有悲欢离合，月有阴晴圆缺。"所谓幸运者是占有天时、地利、人和诸多优势的，因此福祸的变数也居多，谁又能洞明一切呢？古往今来多少诗人、画家，不都是人生坎坷的吗？司马迁《太史公自序》说："昔西伯拘羑里，演《周易》；孔子厄陈蔡，作《春秋》；屈原放逐，著《离骚》；左丘失明，厥有《国语》；孙子膑脚，而论兵法；不韦迁蜀，世传《吕览》；韩非囚秦，《说难》、《孤愤》；《诗》三百篇，大抵贤圣发愤之所为作也。"这个规律并没有停止发挥作用。有许多文学大家，都是在遭遇了祸事之后，才写出了震古烁今的杰作。像李白、杜甫、柳永、韩愈、苏轼、李清照、李后主等一批人，莫不如此。最典型的"诗人不幸文章幸"，晚唐诗人李商隐，他的一生都是在牛李党争中度过的，命运多舛，十分痛苦。他在这痛苦中，却留下了许多空灵的杰作，似游离于佛家的无色界，又似在世不可自拔，既富有现实感，又有超脱的意味，他那优美沉郁的诗句怎能不成为不朽之作呢？李后主在失去江山后寄人篱下才写出“问君能有几多愁，恰似一江春水向东流”。

“得之，我幸；不得，我命。”得到便是幸运，不得也算不上不幸，就算是不幸，受人奚落，也不必垂头丧气。本着“塞翁失马，焉知非福”的生存准则，摇着扇子优游，自由自在地在山水云林之中忘怀。偶遇清风明月，于万顷荷塘中去沉醉不知归路。风景不负我，我不负春光。

在创作此书过程中，发生的各种事情更让我清醒明白自己的方向，断舍离那些不堪，寻求一份自由，在赏玩之中得一份天趣。人生须臾之间，把真心放在艺术的世界里，无果没事，画过即可，挺好的！

（二）渔夫扁舟

“人生在世不称意，明朝散发弄扁舟。”似乎弄扁舟已然成了人格的高标，不为功名羁绊、从容自在游荡的境界。一叶扁舟五湖游，在中国的艺术中是一种自由的情怀。渔、樵、耕、读，常常被文人士大夫视为理想化的生活方式，以表达避世遁隐的愿望，其中尤以“渔隐”的素材最为普遍。时至元代，汉族文人仕进无门，社会地位骤降，江南士人遭遇尤甚。于是，“渔隐”就更频繁地出现在绘画作品中，其中以吴镇的《渔父图》最为典型。此画绘远山平岗、茂林溪流、钓舟渔夫。笔法圆润，墨色沉郁。图上正中草书《渔夫辞》一首：“西风潇潇下木叶，江上青山愁万叠。常年悠悠乐竿线，蓑笠几番风雨歇。”茫茫江面之上有小舟，若隐若现，绝尘而去。大概深受庄子“上与造物者游，而下与外死生无终始者为友”的影响，在当时异族统治的复杂政治背景下，吴镇也选择醉心于那超然物外的自由无羁的精神世界，于是借助于中国传统山水绘画所善于抒情言志的固有特性，这种超逸放达的世界观便被他完美地体现在一山一水的虚实变幻之间。其中最深显意韵的是在其画中会经常出现一渔夫驾一轻轻扁舟逍遥于云水之间，见其画真能使人体悟到庄子所提倡的“至乐无乐”的至美感受。而更为重要的是，其画中的这种隐逸情结也成了后代文人们的至美向往。品渔夫之画，心神共明，遨游天地与虚空之间，淡忘了所有之尘事，灵魂自适，性灵愉悦，诗意敏捷，画意无穷，放逐江湖，快意人生。

古人画渔夫，不是逃避隐逸，而是讴歌自由，超越时代，超越了隐逸本身。范仲淹诗：“江上往来人，但爱鲈鱼美。君看一叶舟，出没风波里。”在性灵的大海中遨游，赋予自己力量，自己掌舵，驾着一叶小舟，任凭风吹雨打，向着内心的方向前进，于自守中，完成自我。本章最后以一句结束：“小舟从此逝，江海寄余生。”

第七章　古典园林空间意境分析

一、拙政园——一堂四向呼应空间序列

二、寄畅园——三堂分散布置空间对比

三、网师园——主堂与院落空间的对比

四、留园——中心环绕院落布局

五、濠濮间——两堂对望空间序列

六、谐趣园——一堂环轴围绕

七、退思园——北堂廊道环绕三角对景空间序列

八、沧浪亭——复廊与山林环绕堂居一隅

九、怡园——复廊接堂虚实空间对比

一、拙政园——一堂四向呼应空间序列

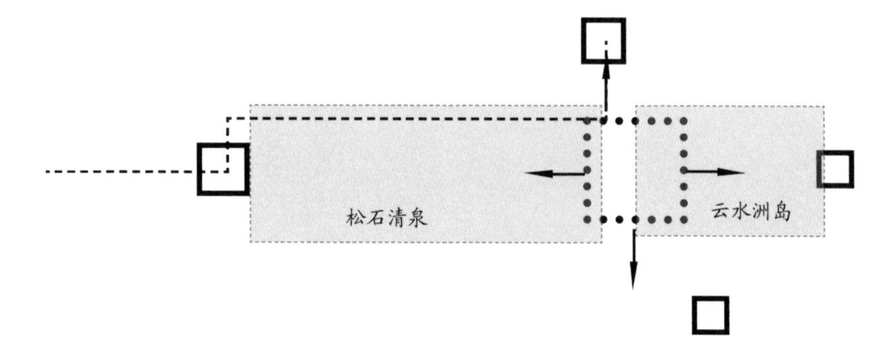

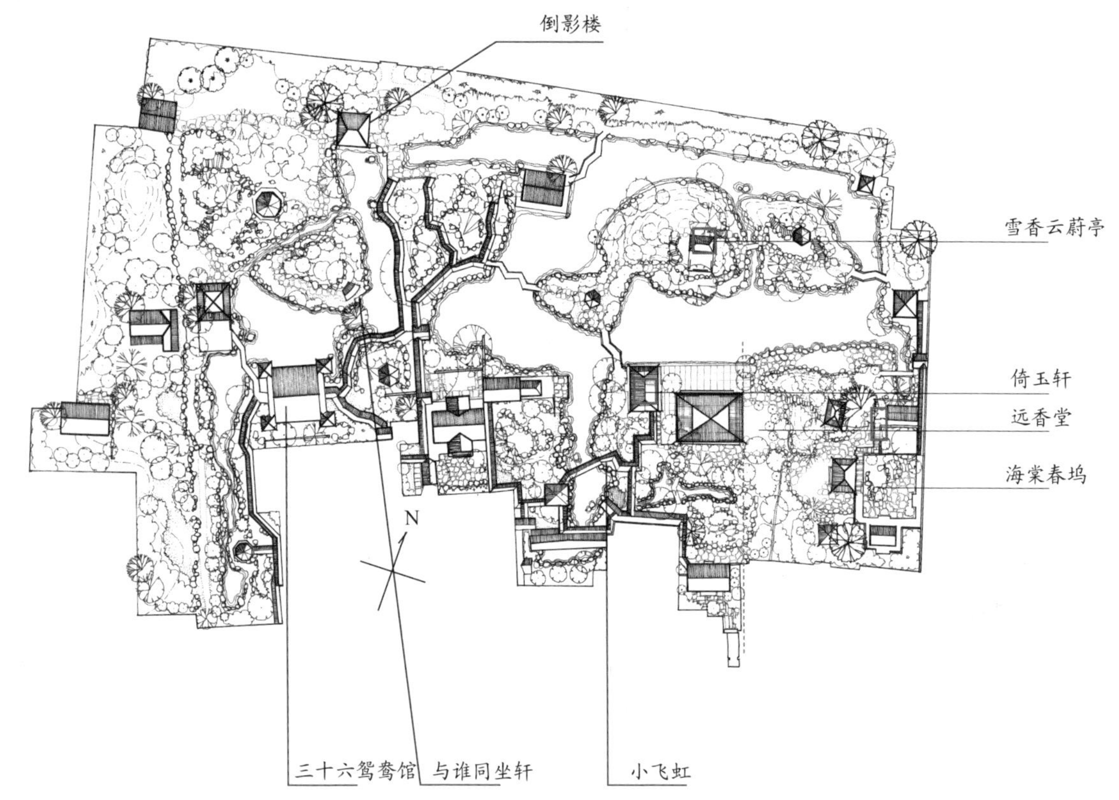

拙政园远香堂，一堂居于中部水景正中，纳四方之春夏秋冬景于堂内，“远香”二字意味悠远。

其北部水面岛屿营造缥缈的远景；南部山石松林植物营造山林之趣的意境；西部是牡丹山丘绣绮亭，高低互望；东部倚玉轩凌波而建，与远香堂在空间上形成远近虚实、高低互望、进退有致的空间。“远香”具有雪香云蔚之冷香，又有荷风四面之清香、山石牡丹之幽香以及松石泉下之松香，可谓景之意境与空间格局和谐统一。

海棠春坞绣绮亭苍松溪石

远香堂四面荷风

海棠春坞枇杷园

听雨轩

倚玉轩临水远香

听雨轩芭蕉

雪香云蔚亭清逸高洁

与谁同坐轩

二、寄畅园——三堂分散布置空间对比

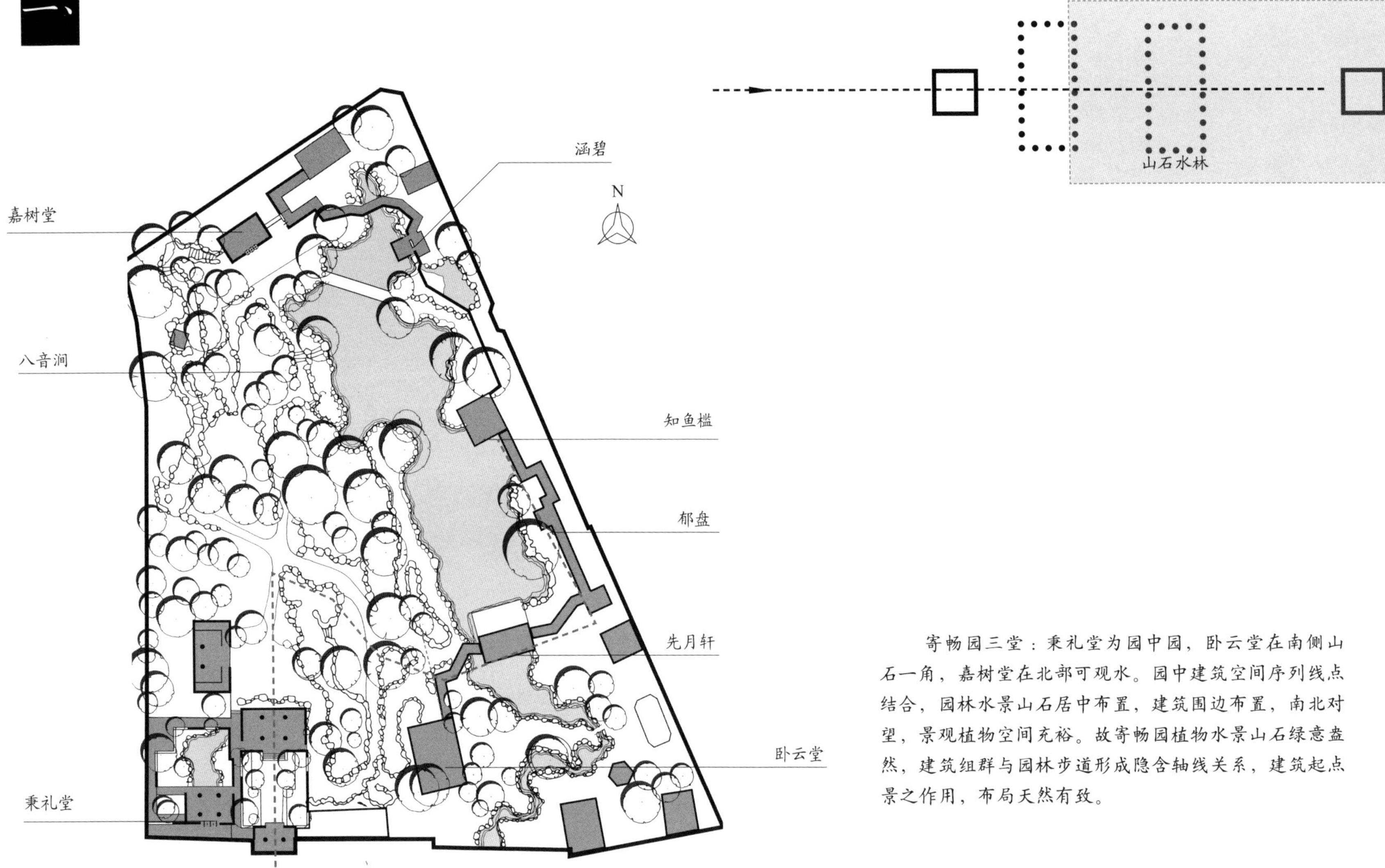

寄畅园三堂：秉礼堂为园中园，卧云堂在南侧山石一角，嘉树堂在北部可观水。园中建筑空间序列线点结合，园林水景山石居中布置，建筑围边布置，南北对望，景观植物空间充裕。故寄畅园植物水景山石绿意盎然，建筑组群与园林步道形成隐含轴线关系，建筑起点景之作用，布局天然有致。

知鱼槛空翠涵碧

知鱼槛浮石绿苔

先月榭横卧空翠

嘉树堂八音涧石阶

秉礼堂凭栏望月

先月榭琼花饮绿

碧水廊榭

卧云堂苍松浮空

三、网师园——主堂与院落空间的对比

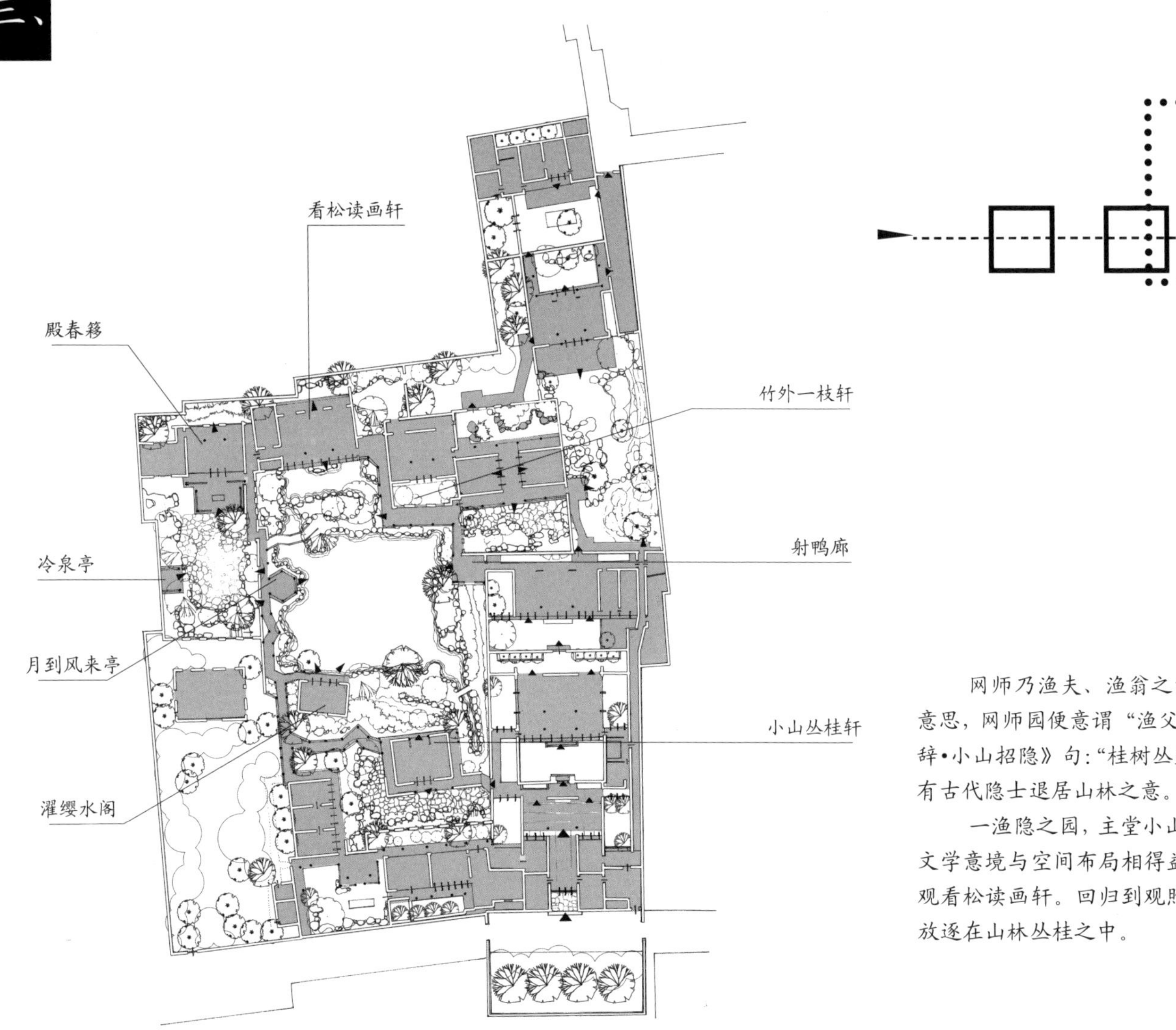

小山丛桂

网师乃渔夫、渔翁之意，喻“渔隐”，含有隐居江湖的意思，网师园便意谓“渔父钓叟之园”。小山丛桂轩源于《楚辞•小山招隐》句：“桂树丛生兮山之幽，偃蹇连蜷兮枝相缭。”有古代隐士退居山林之意。

一渔隐之园，主堂小山丛桂轩，丛桂山石得一归退天地，文学意境与空间布局相得益彰。轩内侧廊可观近之丛桂，远观看松读画轩。回归到观照自身之境，将文人园林精神追求放逐在山林丛桂之中。

竹外一枝轩小窗雅致

小山丛桂轩石山青藤

小山丛桂轩浅草落木疏窗

小山丛桂轩野草深深

射鸭廊轻盈凌水

石桥越水松下清影

冷泉亭半亭石影

小山从桂轩庭前草不除

四、留园——中心环绕院落布局

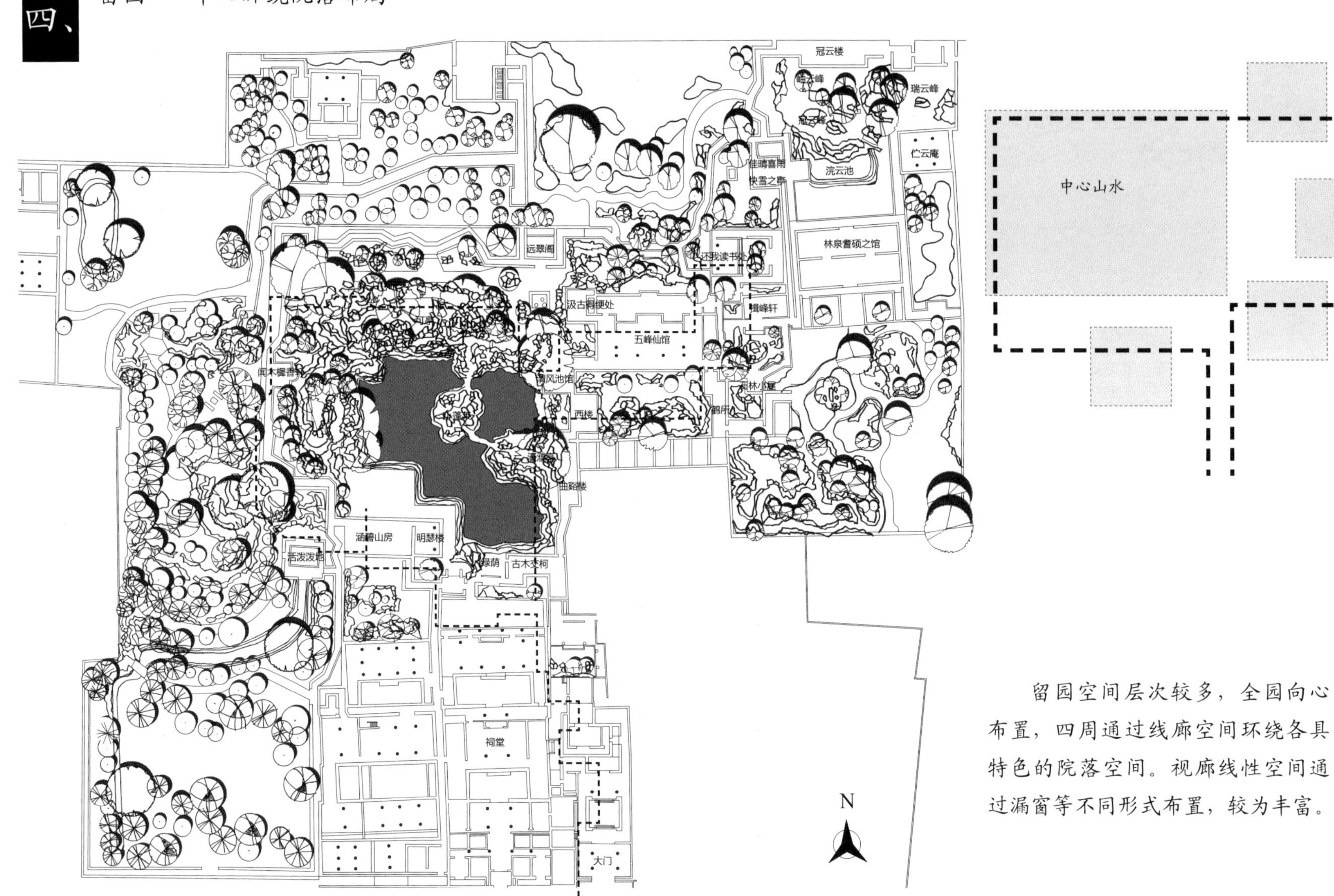

留园空间层次较多，全园向心布置，四周通过线廊空间环绕各具特色的院落空间。视廊线性空间通过漏窗等不同形式布置，较为丰富。

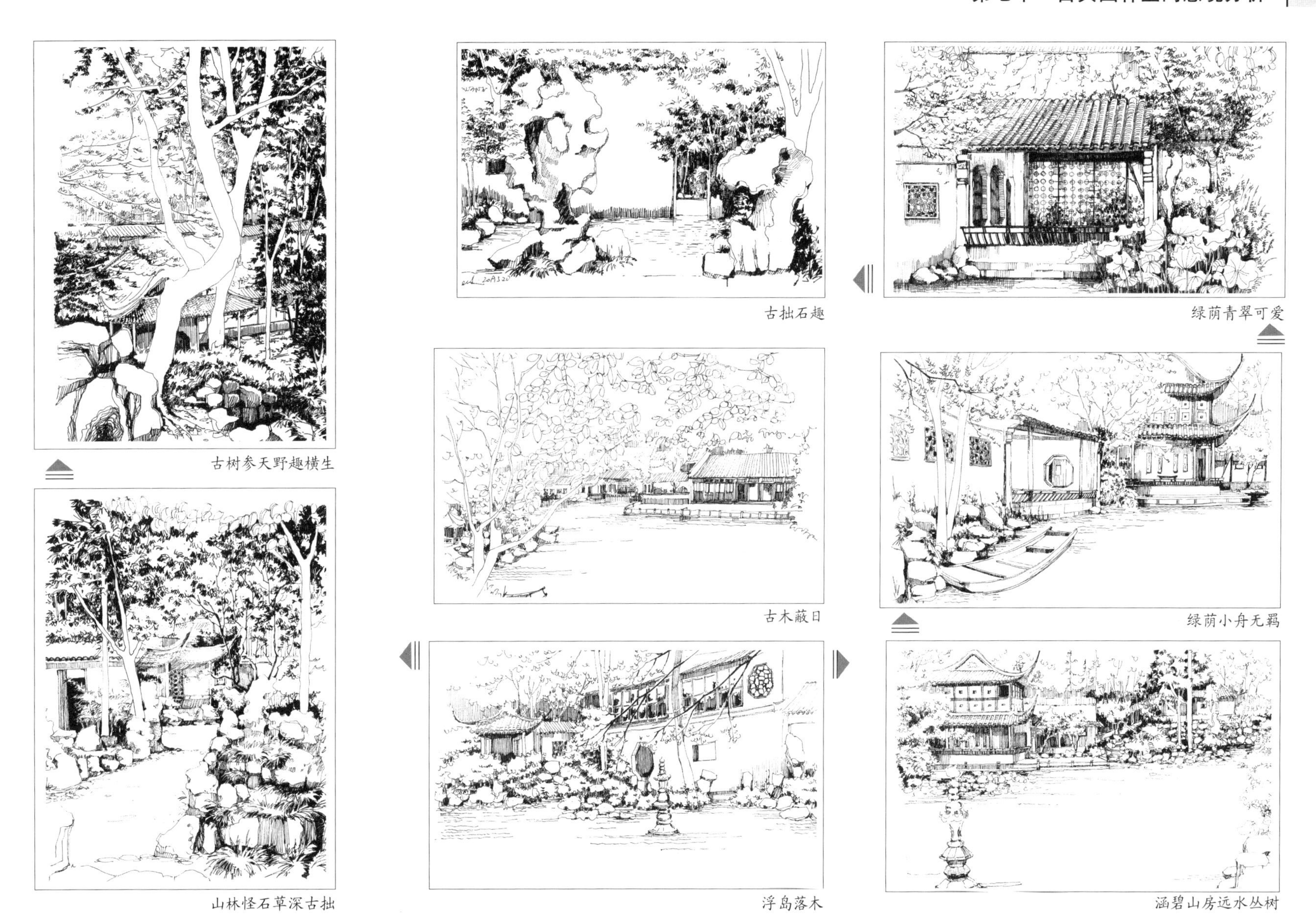

古树参天野趣横生

山林怪石草深古拙

古拙石趣

古木蔽日

浮岛落木

绿荫青翠可爱

绿荫小舟无羁

涵碧山房远水丛树

五、濠濮间——两堂对望空间序列

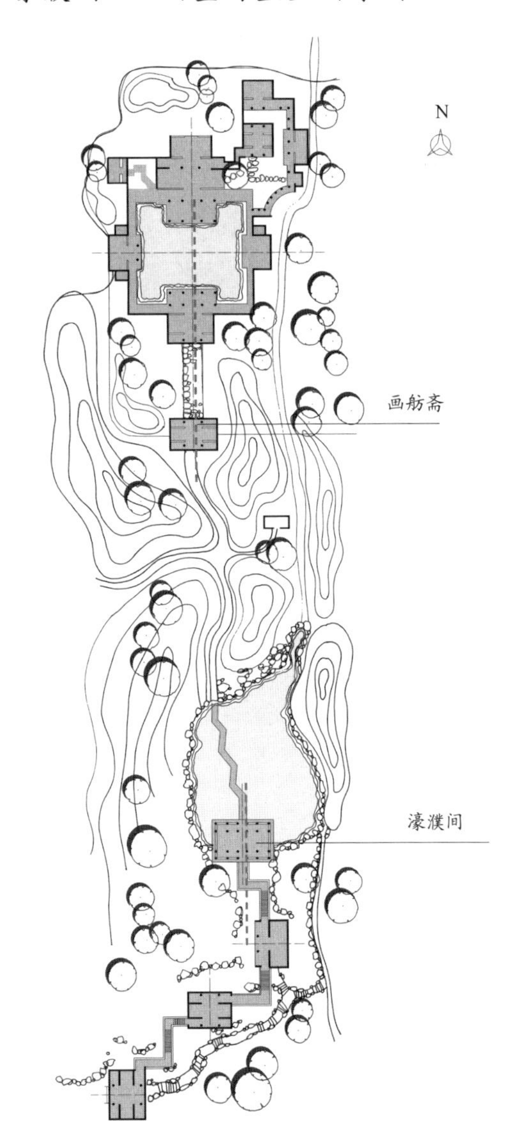

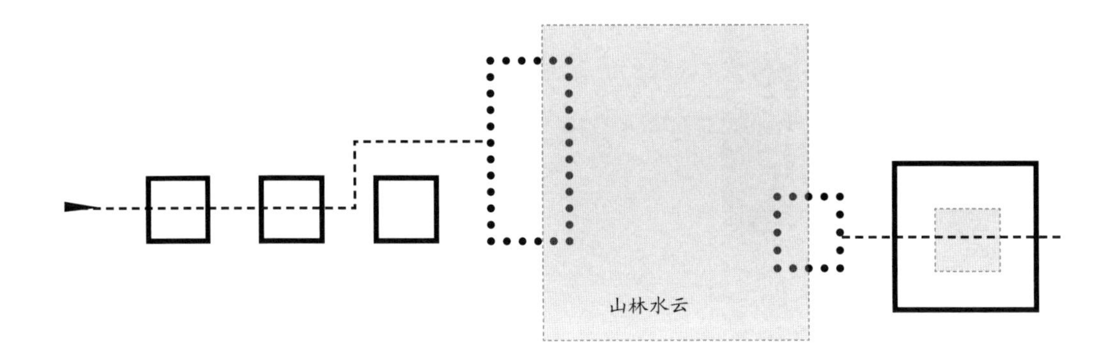

“濠濮间”出自《庄子》，说的是庄子与惠子同游濠梁之上以及庄子垂钓濮水的事。以“濠濮间想”谓逍遥闲居、清淡无为的思想。“濠濮间想”是一种自由的境界、和谐的境界。解脱人为的障碍，与山水林木共欢乐，伴鸟兽禽鱼同悠游，感受人与自然的通体和谐。“濠濮间想”者，云水之乐、山林之想也。濠濮间与画舫斋一北一南，山林在中部，意境与设计空间合而为一，通过一系列建筑外廊的递进实现对山水林木的悠游，是逍遥闲居、清淡简练的自由境界。

濠濮间枯石水草

爬山廊古松横斜

六、谐趣园——一堂环轴围绕

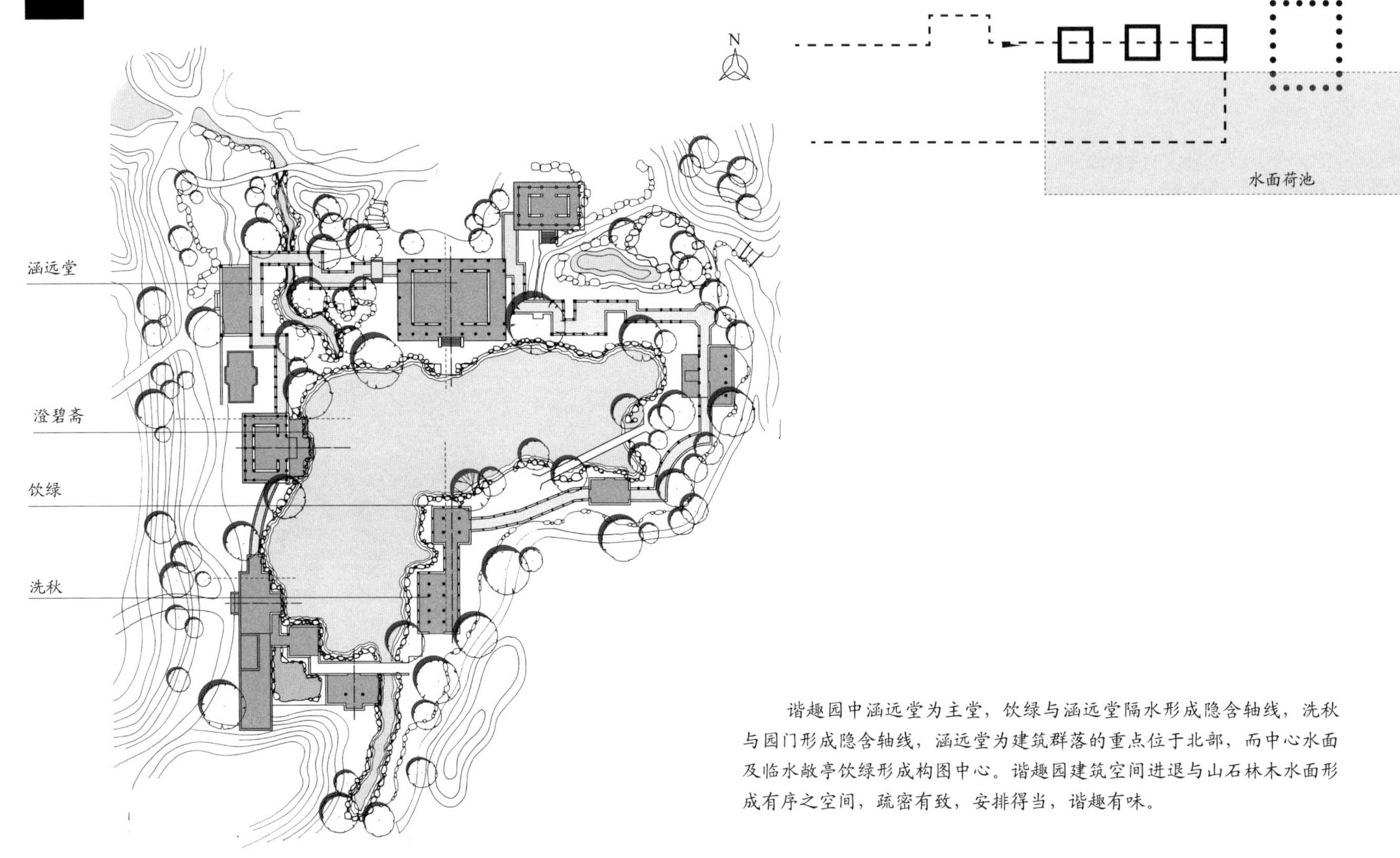

谐趣园中涵远堂为主堂，饮绿与涵远堂隔水形成隐含轴线，洗秋与园门形成隐含轴线，涵远堂为建筑群落的重点位于北部，而中心水面及临水敞亭饮绿形成构图中心。谐趣园建筑空间进退与山石林木水面形成有序之空间，疏密有致，安排得当，谐趣有味。

松石山雨近水廊

菡萏初香翠叶卷

柳岸知鱼桥泻玉

饮绿骤雨打新荷

七、退思园——北堂廊道环绕三角对景空间序列

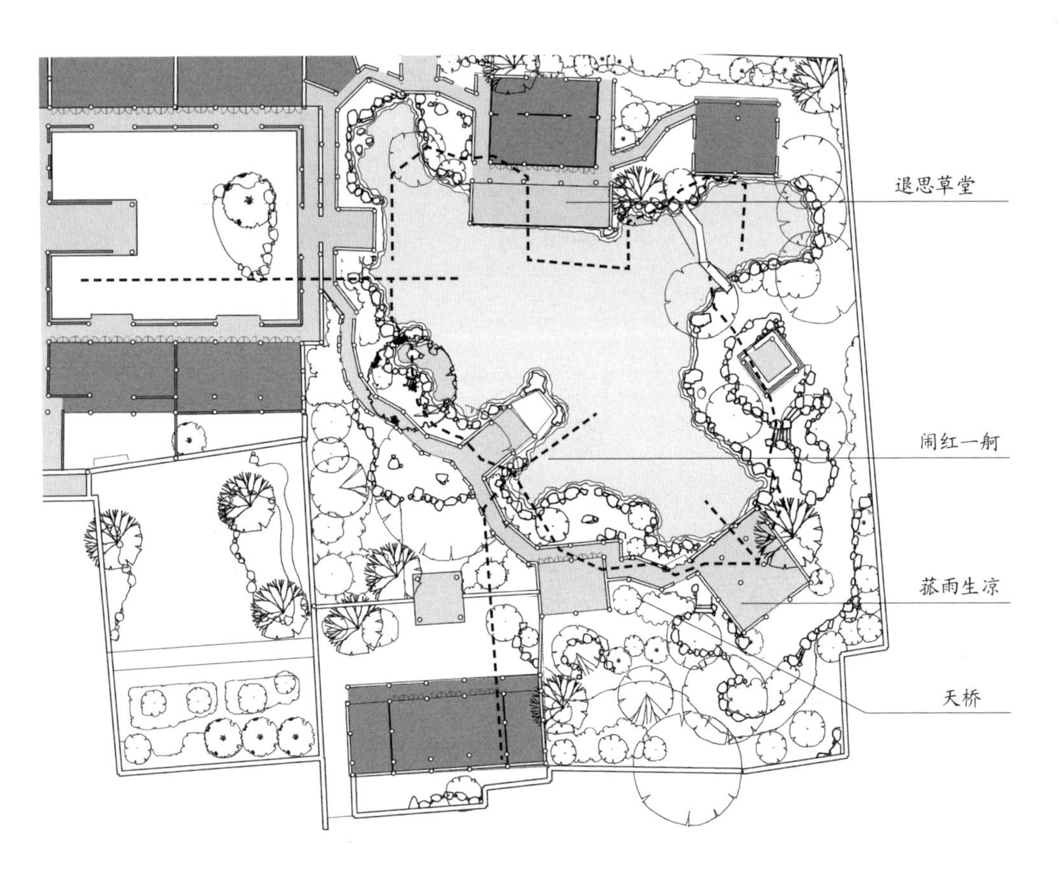

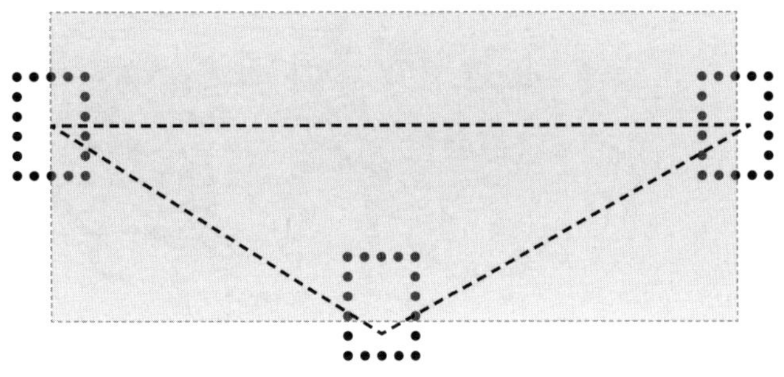

退思草堂、闹红一舸、菰雨生凉，动静结合，由曲折辗转登高远望，最后归于自由放逐，可见设计者将内心之向往寄于一壶天地之中。独自登高低吟，退思而居，近水观月，可谓景与境相得益彰。

退思草堂退水倚树

闹红一舸木舫鱼跃

菰雨生凉可凭栏

芭蕉小境通幽

漏窗迎风影绰

八、沧浪亭——复廊与山林环绕堂居一隅

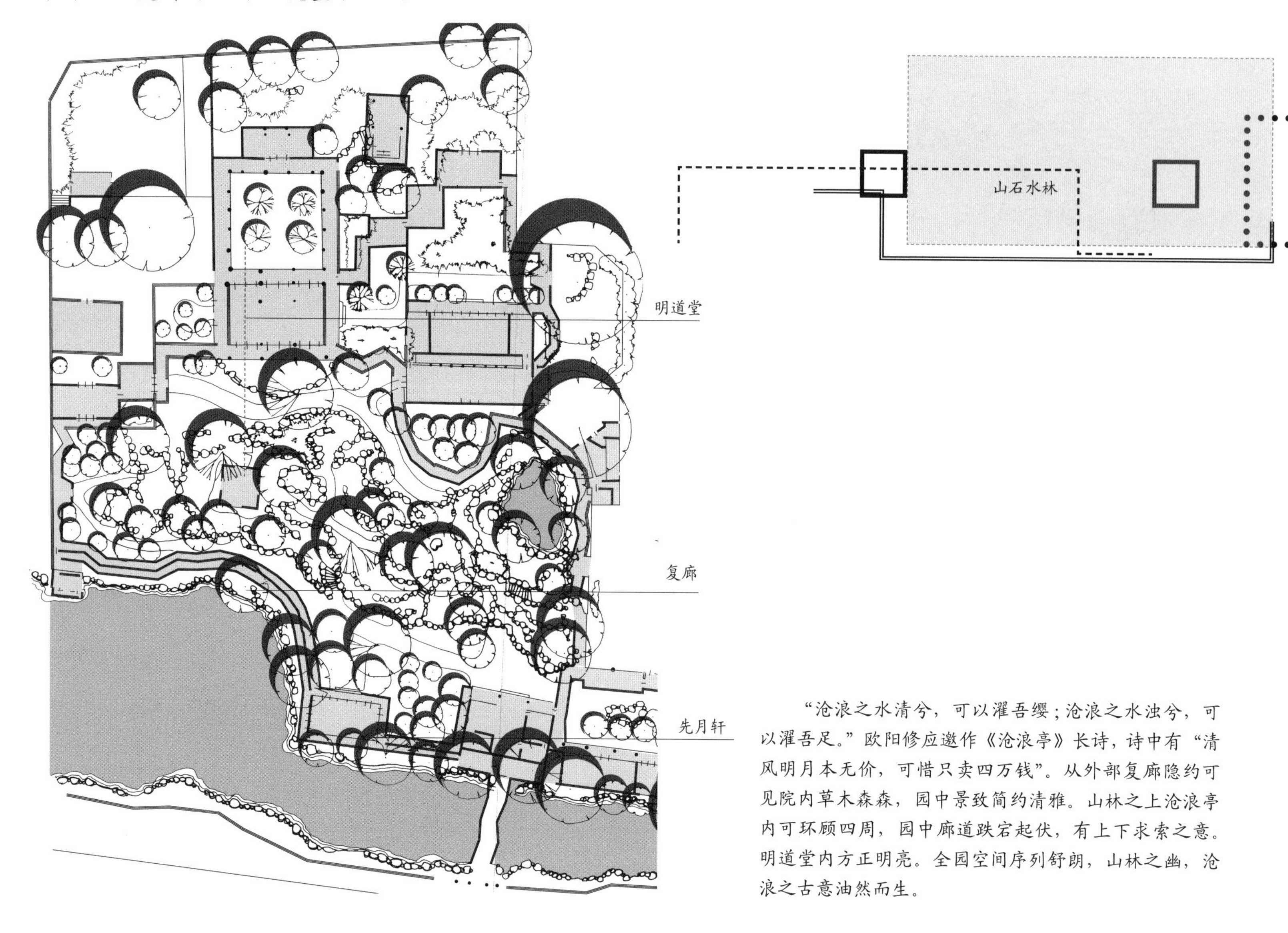

“沧浪之水清兮，可以濯吾缨；沧浪之水浊兮，可以濯吾足。”欧阳修应邀作《沧浪亭》长诗，诗中有“清风明月本无价，可惜只卖四万钱”。从外部复廊隐约可见院内草木森森，园中景致简约清雅。山林之上沧浪亭内可环顾四周，园中廊道跌宕起伏，有上下求索之意。明道堂内方正明亮。全园空间序列舒朗，山林之幽，沧浪之古意油然而生。

沧浪之水清兮

观鱼槛复廊偶遇

枯木疏石横斜

沧浪亭野林独坐

明道堂疏石廊空

沧浪亭素朴苍野

九、怡园——复廊接堂虚实空间对比

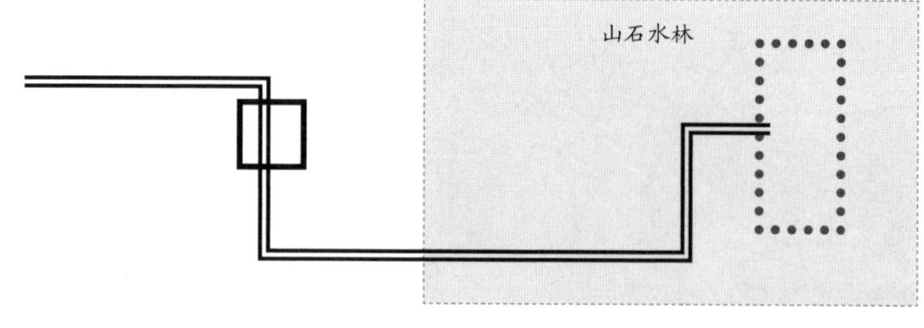

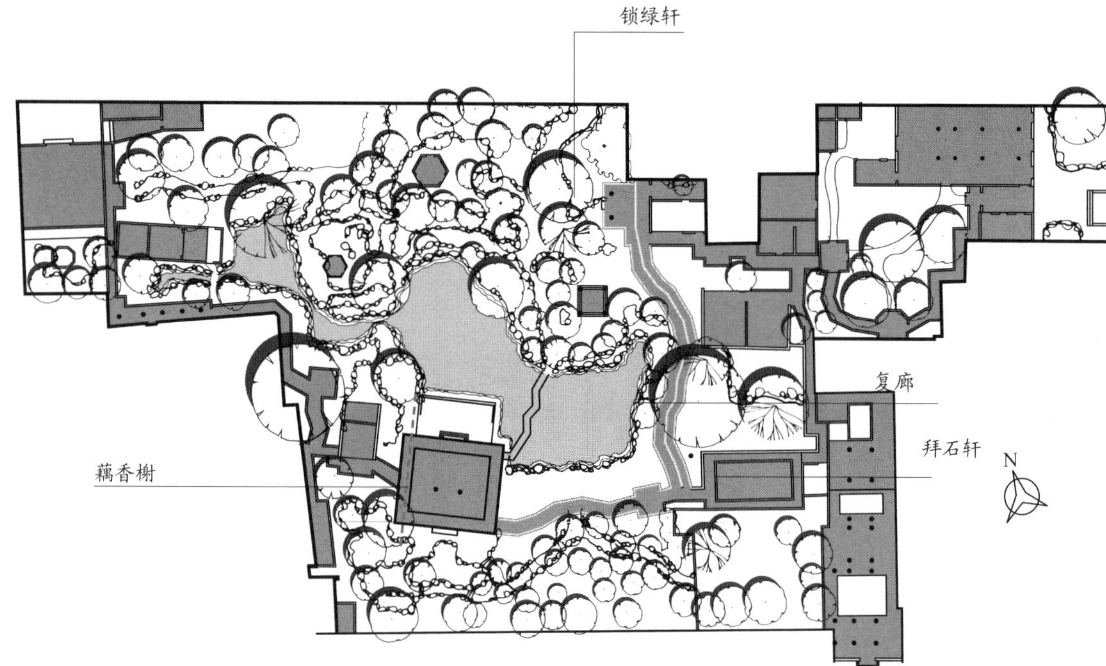

《论语》有“兄弟怡怡”句，依其意名曰怡园。中部复廊连接南北主要建筑，在复廊可观内院及东西向中心水景。复廊东侧为院落布局，西侧是水景山林，复廊敞廊结合形成主要建筑轴线。

藕香榭退水而建，可观北之山亭，南之内院。“与古为新，香霭流玉；犹春于绿，荏苒在衣。”院内清雅幽静。

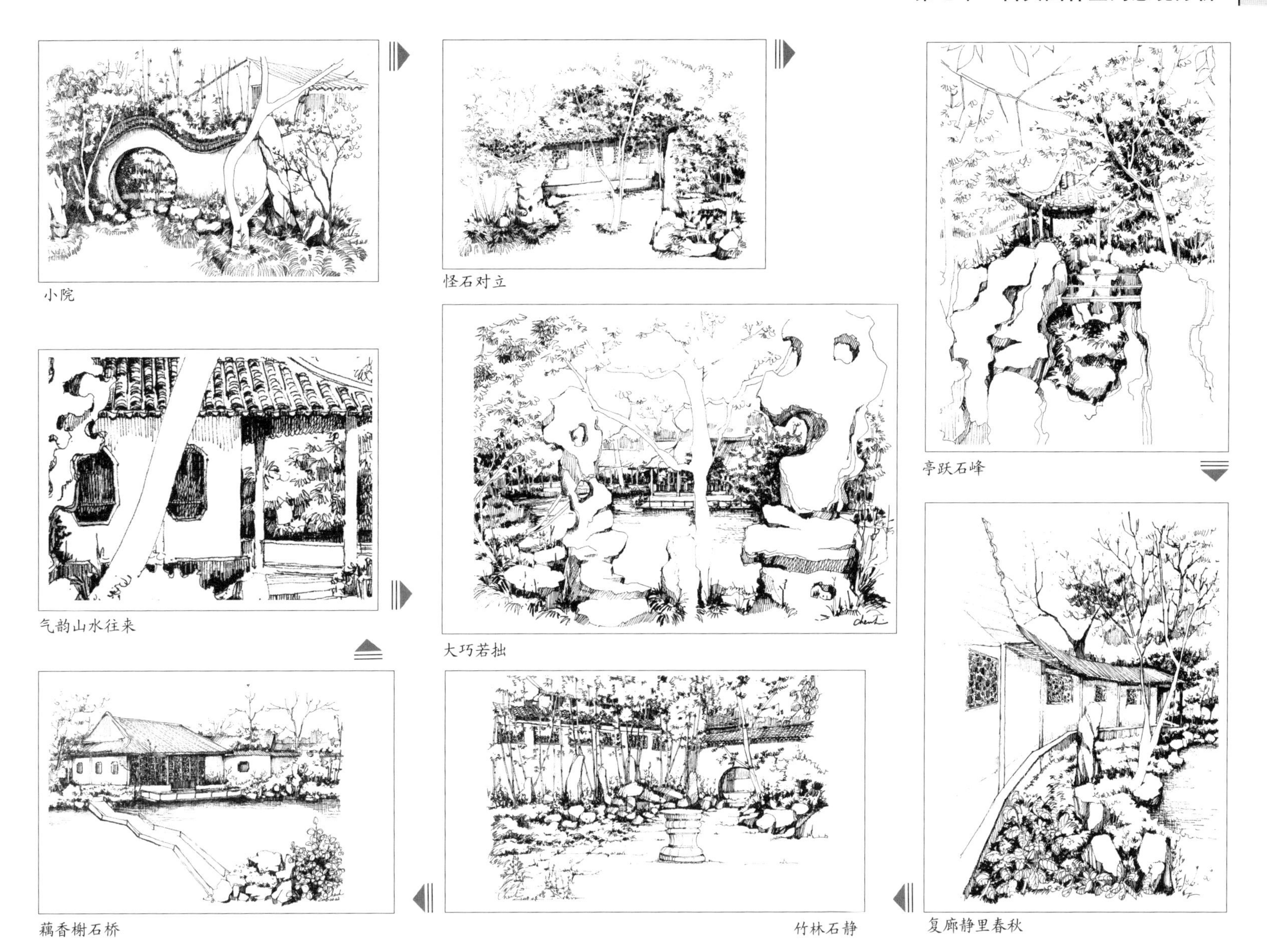

小院

怪石对立

亭跃石峰

气韵山水往来

大巧若拙

藕香榭石桥

竹林石静

复廊静里春秋